Monika Schaal
Petra Rammelsberger

Bodenarbeit mit Hunden

Übungen für Koordination, Konzentration und Vertrauen

Müller Rüschlikon

IMPRESSUM

Einbandgestaltung: r2 | Ravenstein, Verden
Titelbild: Sandra Benzing

Bildnachweis
Ursula Daugschieß-Thumm: Seite 9, 10, 60 oben, 90; Janos Gabler: Seite 89; Fam. Mitschke: Seite 6, 42 rechts; Petra Rammelsberger: Seite 34, 36, 37; Jana Starke: Seite 16, 86, 93; Britta Streck: Seite 31, 38, 45.

Alle anderen Fotos: Sandra Benzing

ISBN 978-3-275-02158-0

Postfach 103743, 70032 Stuttgart
Ein Unternehmen der Paul Pietsch Verlage GmbH & Co. KG

2. Auflage 2020

Sie finden uns im Internet unter www.mueller-rueschlikon-verlag.de

Lektorat: Claudia König
Innengestaltung: r2 | Ravenstein, Verden
Druck und Bindung: Appel & Klinger Druck und Medien GmbH, 96277 Schneckenlohe
Printed in Germany

INHALT

1. Bodenarbeit – Was ist das?

... eine abwechslungsreiche Beschäftigung, bewährt, vielseitig einsetzbar, mit positiven Auswirkungen auf die körperlichen und mentalen Fertigkeiten des Hundes.
Dies klingt fast wie ein Werbespot und tatsächlich wollen wir Ihr Interesse wecken. Wir möchten Sie begeistern für eine gemeinsame Beschäftigung mit Ihrem Hund, bei der es nicht auf Schnelligkeit, Sportlichkeit und Erfolg ankommt, sondern Ruhe und Achtsamkeit im Vordergrund stehen. Und bei der Sie vielleicht ganz neue Talente und Fähigkeiten Ihres Vierbeiners entdecken.

Kurzbeschreibung

Bei der Bodenarbeit lenkt der Hundehalter seinen Vierbeiner ruhig und behutsam über unterschiedliche Untergründe oder Hindernisse. Dies ist fast überall und mit einfachen Mitteln machbar: Zuhause, auf einem Übungsplatz oder beim Spaziergang; mit Alltagsgegenständen wie Planen, Reifen, Decken, mit dafür geeigneten Sportgeräten z.B. Cavaletti, Wackelbrett etc. oder Naturhindernissen wie Baumstämmen, Stufen und verschiedenen Bodenbeschaffenheiten.
Viele Aufgaben erscheinen auf den ersten Blick unspektakulär und einfach, der Hund macht

Die Übungen haben nichts mit Schnelligkeit, Sportlichkeit oder Action zu tun – im Gegenteil, es ist das gezielte Trainieren von Langsamkeit und Achtsamkeit.

Wichtig

Die Übungen in diesem Buch sind für gesunde und normal belastbare Hunde vorgesehen.
Sprechen Sie bitte vor den Übungen mit Ihrem Tierarzt oder Hundephysiotherapeuten, wenn

Ihr Hund
- an einer Erkrankung leidet, insbesondere am Bewegungsapparat oder den Sinnesorganen
- stark übergewichtig ist
- vom Körperbau her besondere Rücksicht benötigt: sehr kurze Beine, langer Rücken etc.

Nach Absprache bzw. mit professioneller Begleitung eignen sich viele der Aufgaben auch für den körperlich eingeschränkten Vierbeiner oder als ergänzende Reha-Maßnahmen nach einer Erkrankung. So unterstützt beispielsweise ein einfaches Stehen auf wackeligem Untergrund wirkungsvoll den Muskelaufbau, ohne dabei die Gelenke zu belasten.
Trächtige oder säugende Hündinnen, sowie akut erkrankte Tiere trainieren selbstverständlich nicht.

jedoch eine Fülle von Erfahrungen: Wie fühlt es sich an, auf ungewohntem oder wackeligem Untergrund zu stehen, den schmalen Steg entlang zu balancieren, enge Kurven zu gehen oder langsam Pfote für Pfote über kleine Hindernisse zu steigen?
Beim Bewältigen der Aufgaben lernt er, sich auf seine Haltung und Bewegungen zu konzentrieren. Körperbewusstsein, Koordination und Balance werden dabei genauso geübt, wie bestimmte Bewegungsabläufe und Trittsicherheit.

Es ist ein bewährtes Trainingskonzept, das – je nach Aufgabenstellung und Zielsetzung – immer ein wenig anders ausschauen kann. Bei der Ausbildung von Pferden werden Übungen an Cavaletti und Co. schon seit Langem ins Training integriert. Viele Hundehalter nützen Elemente aus der »Pferde-Arbeit« oder den Bodenübungen von Linda Tellington-Jones, um ihre Hunde zu beschäftigen und Selbstwahrnehmung und Geschicklichkeit zu fördern.
Auch für uns sind die Aufgaben ein fester Bestandteil unseres Programms geworden – in den Kursen, der Physio-Praxis oder der Arbeit mit den eigenen Hunden.

Weil sich Aufgabenstellung und Anforderungen gut an die jeweiligen Bedürfnisse des Vierbeiners anpassen lassen, ist für fast jeden Hund etwas dabei – vom Welpen bis zum Senior.
Durch das gemäßigte Tempo, die kleinen Wegstrecken und kurzen Übungssequenzen ist Bodenarbeit auch für Hundehalter möglich, die nicht mehr so mobil sind.

Anregung für Welpen und Junghunde oder »Wohin mit meinen Pfoten?«

Für diese Altersgruppe bedeutet Bodenarbeit kein gezieltes Übungsprogramm. Es ist eher ein

Angebot, das die motorischen Fertigkeiten des jungen Hundes fördert und ihm dabei hilft, Strategien zu entwickeln, wie er sich einem Hindernis annähern und es bewältigen kann. Dazu braucht er weder ein Überangebot von Geschicklichkeitsgeräten noch eine zwar gut gemeinte, aber unnötige Hilfestellung, wenn er nur über einen Mini-Absatz gehen möchte. Sie müssen Ihrem Kleinen nicht alle Hindernisse aus dem Weg räumen, er kann lernen, sie zu überwinden. Voraussetzung dafür ist, dass die »Angebote«, mit seinen Möglichkeiten übereinstimmen. Gehen Sie mit Ihrem jungen Hund in den Wald, auf die Wiese, an das kleine, ungefährliche Bächlein. Dort findet er ganz automatisch unterschiedliche Untergründe und kleine Hindernisse, die er erforschen und bewältigen kann. In Haus und Garten können Sie ihm immer wieder ein für ihn machbares Hindernis zur Verfügung stellen, das er nach Belieben erkunden darf. Lassen Sie ihm Raum, sein eigenes Tempo zu finden im Untersuchen von Hindernissen, beim Berühren und Besteigen von Gegenständen. Loben Sie ihn, wenn seine Initiative in die gewünschte Richtung geht. Wenn er hier erfolgreich ist, kann sich dies positiv auf viele Bereiche auswirken. Viele Hunde reagieren dann später flexibler und offener auf neue Herausforderungen und haben mehr Zutrauen in die eigenen Fähigkeiten.

Hier kann der junge Hund in Ruhe ausprobieren: Wie fühlt sich der Untergrund an? Welcher Bewegungsablauf ist nötig, um gut über das Hindernis zu kommen?

Nach und nach kann der Junghund an weitere Aufgaben herangeführt werden – angepasst an seine körperliche und mentale Entwicklung. Seine Muskulatur ist noch untrainiert und die Bewegungen sind zeitweise recht unkoordiniert. Es gelingt ihm nicht immer, sich ausschließlich auf die Aufgaben zu konzentrieren, weil er mit seinem Umfeld beschäftigt ist, in dem vieles für ihn noch neu und beeindruckend ist. In manchen Phasen kann er recht schreckhaft sein und vor Gegenständen zurückweichen, die er einige Tage zuvor überhaupt nicht beachtet hat.

Mobilität für den Senior

Auch ältere Hunde wollen sich bewegen und schätzen kleine Aufgaben und Abwechslung. Weil Bodenarbeit ohne Sprünge und rasantes Tempo auskommt, sind viele der vorgestellten Aufgaben auch für den Senior geeignet. Sie fordern ihn geistig, sorgen dafür, dass er beweglich bleibt und verbessern Koordination und Muskeltonus.

Berücksichtigen Sie dabei, dass das Alter seinen Tribut fordert. Rechnen Sie beispielsweise damit, dass seine Sinne langsam nachlassen und er manches nicht mehr ausreichend wahrnimmt, sich bedächtiger bewegt oder öfters eine kleine Pause benötigt. Ihr Hund soll Freude an der Bewegung haben – der Erhalt bzw. eine

Verbesserung seiner körperlichen Fähigkeiten ist ein schöner Nebeneffekt.

Beginnen Sie immer mit einer Aufwärmphase, bei der sich Ihr Hund im Schritt-Tempo bewegen kann.
Die Abstände zwischen Stangen, Hindernissen o. Ä. sollten ausreichend groß sein, damit der Senior keine engen Wendungen mehr bewältigen muss.
Wählen Sie niedrige Hindernisse und einen gut begehbaren Boden, um Sehnen, Bänder und Gelenke nicht zu strapazieren.
Geben Sie auch rüstigen Hunderentnern genügend Zeit, die gestellte Aufgabe zu erfassen. Die Reaktionszeiten können etwas länger sein, als bei jüngeren Hunden.
Wenn bereits Bewegungseinschränkungen bestehen, besprechen Sie mit Ihrem Tierarzt oder Hundephysiotherapeuten, welche Übungen sinnvoll sind oder nicht mehr durchgeführt werden sollten. Bei eingeschränkter Sehfähigkeit ist die Arbeit mit Hindernissen mit besonderer Vorsicht zu betrachten.

Bewusstes Stehen auf leicht unebenem Untergrund und für kurze Zeit stärkt die Muskulatur des Seniors, ohne die Gelenke zu belasten. An Tagen, in denen er belastbarer ist, übt er dies auch auf instabilem Untergrund.

Unterstützung für unsichere und aufgeregte Hunde

Es ist kein Geheimnis, dass die Körperhaltung einen Einfluss auf das Verhalten nehmen kann. So schafft beispielsweise eine ausbalancierte Haltung gute Voraussetzungen für Wohlgefühl, Aufmerksamkeit und angemessene Reaktionen: die Muskulatur strafft sich, ohne verkrampft zu sein, die Atmung kann ungehindert fließen und für eine gute Sauerstoffversorgung sorgen. Der sichere Stand auf allen vier Pfoten erdet den Hund und erhöht gleichzeitig die Sicherheit, aus dieser komfortablen und stabilen Position heraus unverzüglich aktiv werden zu können.

Hunde, deren Motorik gut entfaltet ist, bewegen sich in der Regel sicher und konzentriert. Dadurch können sie auch schwierige Passagen oder überraschend auftretende Situationen zumindest körperlich gut meistern. Diese körperliche Stabilität wiederum gibt dem Hund Selbstvertrauen – das Gefühl, den eigenen Körper kontrollieren zu können, ist beruhigend und sorgt für Gelassenheit.

Geduld, überlegtes Vorgehen und ein ruhiges Umfeld erleichtern jedem Hund das Lernen. Für aufgeregte oder unsichere Tiere gilt dies in besonderem Maße. Sie reagieren auf Überforderung und Unbehagen meist sehr sensibel: ihre Anspannung steigt, einige wenden sich dann Dingen zu, die ihnen einfacher erscheinen oder mehr Wohlgefühl versprechen, andere verweigern zunehmend.
Wählen Sie deshalb für Ihren unsicheren Vierbeiner zunächst Aufgaben, die ihm leicht-

fallen oder die er sehr gerne macht. Bleiben Sie für einige Trainingseinheiten bei diesen »einfachen« Aufgaben, dies gibt Sicherheit und ermöglicht kleine Erfolgserlebnisse.
Wenn Ihr aufgeregter Vierbeiner so viel aufgestaute Energie und Bewegungsdrang hat, dass er fast platzt, wird er sich nur schwer auf langsame Bewegungen konzentrieren können. Er benötigt vielleicht zuerst einen Spaziergang und danach vertraute Aufgaben, um mental bereit zu sein. Gute Einstiegs-Übungen für den angespannten Hund sind Bewegungen, die ihn in einen gleichmäßigen Rhythmus bringen, beispielsweise Steigen in gleichmäßigem Tempo über ausgelegte Stangen. Bei Aufgaben, die viele Biegungen und Wendungen enthalten, wird das Tempo reduziert und der Körper gedehnt. Dies bringt Entlastung für die angespannte Rückenmuskulatur.
Integrieren Sie neue, anspruchsvollere Aufgaben oder eine andere Umgebung schrittweise in das Training und passen Sie das Vorgehen an die Tagesform Ihres Hundes an. Vielleicht meistert er die Aufgabe an manchen Tagen besser als

Welche Hilfestellung braucht Ihr Hund? Wenn er durch die Bodenarbeit Konzentration erlernen soll, muss es ihm erst einmal möglich sein, sich auf die gestellte Aufgabe zu konzentrieren. Soll er Gelassenheit und Selbstvertrauen lernen, muss er dieses Gefühl auch während des Übens empfinden können.

> *Wichtig*
>
> Bei unsicheren, aufgeregten Hunden besteht häufig ein hoher Spannungszustand der Muskulatur. Hier können Sie mit ruhigen Massagen Gutes bewirken und gleichzeitig die Bindung zueinander stärken. Bitten Sie den Physiotherapeuten Ihres Hundes um etwas Anleitung.

erwartet oder kann ein wenig länger trainieren, an anderen werden Sie die angedachten Übungen abwandeln oder durch einfachere ersetzen müssen. Es macht wenig Sinn, hier etwas erzwingen zu wollen – nicht jeder Tag ist ein guter Tag für die Bodenarbeit.

Training für Muskulatur und Geschicklichkeit

Eine gut ausgebildete Muskulatur sorgt im Zusammenspiel mit Bändern und Sehnen für Stabilität und Kraft. Sie kann zudem teilweise Schwachstellen ausgleichen und Fehlhaltungen vorbeugen.
Ein Fehlen bzw. Nachlassen der Muskelkraft macht sich auf unterschiedliche Art bemerkbar: es fällt dem Hund schwerer, das Gleichgewicht zu halten, bestimmte Bewegungen auszuführen oder sich ausdauernd zu bewegen. Manche Hundehalter fragen sich auch, warum es ihrem Hund bei der Ausbildung oder im Hundesport nicht gelingt, ruhig in einer bestimmten Stellung zu verharren. Neben vielen anderen Faktoren, kann hier auch mangelnde Kraft mit eine Rolle spielen.

Manchmal kann der Hund die gewünschte Position einfach nicht halten, selbst wenn er verstanden hat, was von ihm erwartet wird.

Von Übungen zum Muskelerhalt bzw. -aufbau profitiert jeder Hund. Besonders hilfreich sind sie beim älteren Tier, bei Sport und Arbeitshunden oder Vierbeinern, die aufgrund Verletzungen über einen längeren Zeitraum geschont werden mussten oder nur wenig Gelegenheit hatten, sich ausreichend zu bewegen.
Aktive Bewegung fördert den Muskelaufbau. Bei den dynamischen Übungen spannen und entspannen sich die Muskeln wechselweise, dadurch werden Wachstumsreize gesetzt. Ruhig und langsam ausgeführte Bewegungen sind dabei besonders effektiv, allerdings auch anstrengender, als sie mit Schwung und zügig »hinter sich zu bringen«.
Es gibt auch Übungen ohne aktive Bewegung, die Sie mit Ihrem Hund machen können und dabei gleichzeitig seine Muskulatur trainieren – die statischen Übungen. Beispiel: beim ruhigen Stehen mit erhöhten Vorderbeinen verlagert sich der Schwerpunkt nach hinten, die Hinterhand nimmt mehr Gewicht auf, dabei werden die Muskeln der Hinterbeine aktiviert.
Manchen Hunden fallen statische, anderen dynamische Übungen leichter. Versuchen Sie, immer beides in Ihr Training zu integrieren. So erzielen Sie optimale Ergebnisse im Muskelaufbau und das Training bleibt abwechslungsreich.

Unsicherheit, Aufregung und Unruhe haben oftmals motorische Ungeschicklichkeit zur Folge. Natürlich gibt es auch Vierbeiner, die weder besonders ängstlich oder unruhig sind und sich dennoch motorisch nicht sehr geschickt anstellen.

Beobachten Sie doch einmal, wie es um diese Fähigkeiten Ihres Vierbeiners bestellt ist. In vielen Alltagssituationen fällt ein Defizit nicht sehr auf. Der Hund rennt ja beispielsweise die Treppe hinauf oder herab, springt über oder auf Baumstämme oder eilt über den rutschigen Steinfußboden. Soll er nun aber die gleiche Aufgabe in langsamem Tempo bewältigen, kann sich dies »plötzlich« als schwierig erweisen.
Bodenarbeit trainiert den gesamten Hund und verhilft ihm somit zu einer gewissen Grundgeschicklichkeit und Kraft. Darüber hinaus können bestimmte Fertigkeiten gezielt gefördert werden. Beispiele:

- Hunde, die auf ungewohnte Untergründe unsicher reagieren, auf bestimmten Böden nicht laufen können oder berührungsempfindlich an den Pfoten sind, profitieren von Übungen wie Gehen über verschiedene, auch schwankende oder raschelnde Untergründe.
- Hunde, die Probleme haben, Treppen zu begehen, oder ihre Hinterbeine eher wie ein Anhängsel mit bewegen verbessern durch Rückwärtsgehen oder Steigen über kleine Hindernisse ihre Kraft, Koordination und Körpergefühl.
- Viele Übungen stärken die Hinterhand. Eine gut trainiert Hinterhand ermöglicht es dem Hund, alle vier Beine gezielt einzusetzen und die maximale Schubkraft herauszuholen.

Training für einen harmonischen und effizienten Gang

Für den Wolf, als Urahn unserer Hunde, war ein optimierter Bewegungsablauf eine der Grundvoraussetzungen für das Überleben. Unsere Hunde sind längst keine Wölfe mehr, Körperbau und Lebensweise haben sich teilweise weit davon entfernt. Geblieben ist jedoch das Bedürfnis nach individuell angemessener Bewegung und die Tatsache, dass zur problemlosen Fortbewegung ein korrekter und harmonischer Bewegungsablauf nötig ist.
Viele Übungen der Bodenarbeit schaffen gute Voraussetzungen dafür, dass sich der Hund in allen Gangarten möglichst optimal bewegt.

Schritt: ist die langsamste Gangart, bei der es zu keiner Flug- oder Schwebephase kommt. Im Schritt tragen die meisten Hunde ca. 60 % ihres

Eine gute Fußarbeit mit exakten Wendungen ist nur dann möglich, wenn der Hund ein Gespür für seine Hinterbeine hat und genügend Kraft, um sie gezielt zu bewegen.

Der geübtere Hund kann während der Übung ein Spielzeug im Fang tragen. Durch das zusätzliche Gewicht muss er seine Haltung neu ausbalancieren, dadurch werden weitere Muskelgruppen beansprucht, wie Rücken- und Halsmuskulatur.

Wichtig

Die gewonnene Beweglichkeit und Kraft reduzieren die Verletzungsgefahr. Der Hund bewegt sich sorgsamer und überlegter und kann sich im Falle eines Fehltritts besser abfangen Für Sport- und Rettungshunde ist Bodenarbeit daher eine sinnvolle Trainingsergänzung.

Körpergewichtes auf der Vorderhand, 40 % entfallen auf die Hinterhand. Der Schritt ist die Gangart mit dem kleinsten Geschwindigkeitsbereich, d.h. schon bei einer geringen Steigerung der Geschwindigkeit fällt der Hund in Trab oder Pass.

Trab: unterscheidet sich vom Schritt durch einen deutlich höheren Geschwindigkeitsbereich, d.h. der Hund kann sehr langsam, aber auch sehr zügig traben. Die diagonalen Beinpaare bewegen sich hierbei parallel, d.h. das linke Vorderbein bewegt sich beispielsweise zeitgleich mit dem

rechten Hinterbein nach vorne/hinten. Hierbei kommt es zu einer kurzen Schwebephase, bei der keine der Pfoten den Boden berührt. Durch die Beschleunigungskräfte im Trab trägt der Hund phasenweise mehr als das gesamte Körpergewicht auf einem Vorderbein.
Der Trab kann am besten von allen Gangarten durch bestimmte Übungen gezielt trainiert werden.

Galopp: ist die schnellste Gangart des Hundes mit einem großen Geschwindigkeitsbereich, dadurch die Gangart der Jagd. Die Schrittfolge des zügigen Galopps zeigt mindestens eine Flugphase, bei der der Rücken des Hundes eine große Rolle spielt: Die Lendenwirbelsäule wird im Lauf während der Flugphase gebeugt, um die Hinterbeine nach vorne zu bringen. Wenn diese den Boden berühren, wird die Lendenwirbelsäule gestreckt und dient der Kraftübertragung. Durch die wirkenden Kräfte wirkt zeitweise mehr als das Doppelte des Körpergewichtes auf ein Vorderbein!

Pass: Hier bewegen sich die Beinpaare einer Körperseite parallel. Der Körperschwerpunkt

Ein harmonischer und physiologisch korrekter Gang beugt Erkrankungen vor, die aufgrund von Fehlhaltung und unpassenden Bewegungsmustern entstehen können. Dieser schwungvoll trabende junge Rüde zeigt sehr schön die parallele Bewegung der diagonalen Beinpaare.

Dieser Hund bewegt sich ausgesprochen harmonisch und ausbalanciert.

verlagert sich dadurch wechselnd von einer zur anderen Seite, was zu einer schaukelnden Bewegung führt. Der Pass gilt als energiesparende Gangart und wird deshalb oft von ermüdeten Hunden gezeigt. Auch tritt er bei einigen Hunderassen häufiger auf (z. B. Bobtail), kann antrainiert sein oder auf Störungen am Bewegungsapparat hinweisen.

Teamwork ohne Leistungsgedanke

Für die meisten Hundehalter ist es selbstverständlich, dass sie ihren Hund beschäftigen und ihn die Regeln des Zusammenlebens lehren. Dabei wird allzu häufig die Qualität von Hund und Halter am Erfolg gemessen, und so geraten beide zu manchen Zeiten in die Optimierungsfalle. Der Schwerpunkt der täglichen Beschäftigung liegt nicht mehr auf einem entspannten Miteinander, sondern vielmehr auf den Aspekten, die noch nicht gelingen. Einige Hunde haben ein umfangreiches Programm zu bewältigen, bei dem Leistung, Aufmerksamkeit auf die Wünsche des Hundehalters und möglichst schnelles Umsetzen von Anweisungen im Vordergrund stehen.

Jedem Team tut ab und an eine Pause vom erfolgsorientierten Arbeiten gut. Am besten ehe der Leistungsdruck zu groß wird, die Erfolge rar werden und die Freude am gemeinsamen Tun immer mehr schwindet.

Bodenarbeit kann hier neue Impulse setzen. Es gibt kein »Es-muss-gelingen-Ziel«, keine Aufgabe, die unbedingt erarbeitet werden muss, und keinen Zeitdruck. Grundlage ist die freiwillige Mitarbeit des Hundes. Das klingt gut, kann in der Praxis aber auch bedeuten, dass der Hund nicht mitarbeiten möchte, die Aufgabe als uninteressant oder zu anstrengend empfindet. Hier ist dann ein Umdenken nötig, nicht der Hund soll ..., sondern Sie stellen die Aufgabe so, dass er sie bewältigen kann. Oberste Priorität bei allen Übungen – wie überhaupt bei allem, was Sie zusammen mit Ihrem Hund unternehmen – hat dabei die Freude am Gemeinsamen, nicht die Leistung. Versäumen Sie nicht, Ihren Hund spüren zu lassen, wie wertvoll die Zeit mit ihm für Sie ist. Oft können Sie dann feststellen, dass der Vierbeiner – nach einem vielleicht holprigen Beginn – immer eifriger mitarbeitet.

Lassen Sie dem Hund Raum zum Ausprobieren und sich weiterzuentwickeln. Dazu gehört gegenseitiges Vertrauen. Wenn der Vierbeiner auf Ihr »Anraten« einen wackeligen Untergrund betritt und versucht, darüber zu gehen, glaubt er Ihnen, dass dies machbar ist. Sie wiederum vertrauen seinen Fähigkeiten und geben ihm Zeit, um das »Problem« selbst zu bewältigen, ehe Sie weitere Anweisungen geben.
Bei vielen der vorgestellten Aufgaben konzentriert sich der Hund vorrangig auf sein Tun, seine Bewegungen. Er lernt dabei, Herausforderungen selbstständig zu lösen, ohne sich dauernd bei seinem Menschen rückzuversichern.
Bei anderen Aufgaben (z.B. Rückwärtsgehen, Elefanten-Übung) lernen Hund und Mensch, sich immer fein abgestimmter zu verständigen. Ihr Hund verlässt sich darauf, dass Sie seine Signale genau beobachten und erkennen, ob und welche Hilfestellung er benötigt.

2. Trainings-Tipps

In den nachfolgenden Kapiteln beschreiben wir eine Auswahl an Übungen, die als Einstieg in die Bodenarbeit geeignet sind. Wir empfehlen Ihnen, diese zunächst als Einzelaufgabe auszuprobieren, später können sie teilweise auch zu einer Art Parcours zusammengestellt werden.
Manche Hunde lernen rasch, sich ruhig und gezielt zu bewegen oder lassen sich problemlos auf neue Aufgaben und unbekannte Dinge ein. Andere sind etwas vorsichtiger oder unkonzentrierter und brauchen mehr Wiederholungen, bis sie einen Bewegungsablauf verinnerlicht haben. Deshalb lässt sich die Frage, mit welchen Aufgaben man am besten beginnen sollte oder welche einfach bzw. schwierig sind, nicht pauschal beantworten.
Für einen guten Einstieg wählen Sie Übungen, die Ihrem Hund aller Wahrscheinlichkeit nach gut gelingen. Bei Bedarf kann Ihnen ein versierter Trainer oder Hundephysiotherapeut geeignete Übungen aufzeigen und Sie anfangs bei der Durchführung unterstützen.
Mit der Zeit entwickeln Sie ein Gespür für Ihren Hund und die passenden Übungen. Sie erkennen, was ihm leichtfällt oder bei welcher Aufgabe er mehr Unterstützung benötigt. Sie werden Übungen aussortieren, die für ihn nicht so geeignet sind, andere variieren und ergänzen. Sie bekommen einen Blick dafür, welches Gelände sich für diese oder jene Aufgabe eignet und wo Sie eine Übung »fast so nebenbei« in Alltag und Spaziergang einfließen lassen können.
Sehen Sie unsere Übungsideen als Anregungen, aus denen Sie für sich und Ihren Vierbeiner das Passende heraussuchen. Wir möchten Sie dazu einladen, daraus eigene Ideen zu entwickeln und Ihr individuelles Trainingsprogramm zusammenzustellen.

Equipment und Untergrund

Verschiedene Gegenstände aus Haus und Garten lassen sich mit wenig Aufwand in passende Trainingsgeräte verwandeln. Reifen jeglicher Art eignen sich gut zum Durchschreiten. Planen, gefaltete Decken oder die Luftmatratze ergeben ungewohnte und etwas wackelige Untergründe zum Darübergehen. Besenstiele, Stangen, Schwimmnudeln oder PVC-Rohre werden zu kleinen Hindernissen, die der Hund Pfote für Pfote übersteigen kann. Damit die leichten PVC-Rohre oder Schwimmhilfen nicht wegrollen, werden Sie mit Zeltheringen o. Ä. (jeweils am Ende der Stangen) am Boden

Passen Sie Ausrüstung und Vorgehen den Bedürfnissen Ihres Hundes an. Für den kleinen Vierbeiner nehmen Sie Besenstiele anstatt Pfosten und der Hund mit Handicap steigt über weiche Schwimmnudeln, an denen er sich nicht verletzen kann, wenn er z.B. die Hinterbeine nachzieht.

befestigt. Um Stangen usw. etwas höher zu lagern, eignen sich stabile Holzklötzchen, in die Sie eine Kerbe für die Stange einsägen oder Auflagen aus dem Reitsport- oder Fußballbedarf. Käufliches Equipment, wie Slalomstangen, Cavaletti, Wippe oder Wackelkissen ergänzt die Ausrüstung und ermöglicht weitere Übungen. Vielleicht können Sie zunächst in einem Kurs an bereitgestellten Geräten ausprobieren, welche für Ihren Hund am sinnvollsten sind. Manches lässt sich dann mit etwas handwerklichem Geschick auch selbst herstellen.

Achten Sie auf Sicherheit

- Alle Geräte müssen stabil gelagert sein, eine rutschfeste Oberfläche haben und dürfen keine scharfen Kanten, Splitter, herausstehende Äste usw. aufweisen.
- Natürlich darf der Hund Hindernisse bzw. Ausrüstungsgegenstände anschauen, beschnuppern oder eine Pfote daraufsetzen, ehe damit gearbeitet wird. Er sollte jedoch nicht unkontrolliert umherrennen und das Hindernis auf eigene Faust ausprobieren, das birgt Verletzungsgefahr und negative Verknüpfung.
- Lassen Sie eine Hundegruppe nicht ohne Aufsicht an die Geräte. Bei mehreren Hunden passiert es schnell, dass einer den anderen vom Gerät schubst oder ein Vierbeiner am Hindernis beschäftigt ist, während ein Artgenosse es benützt.

In der Natur finden Sie eine Vielzahl von Trainingsmöglichkeiten: Baumstämme oder Mäuerchen zum Darübergehen, Steine zum Draufklettern oder Bodensenken und querliegende Äste, die zum bewussten Gehen anregen. Einige Geräte am Trimm-dich-Pfad oder dem Waldspielplatz für Kinder sind im Prinzip wie geschaffen für unser Training, dürfen jedoch nicht allerorts von Hunden betreten werden. Nehmen Sie Rücksicht auf die Belange anderer, auch wenn das Gelände ideale Trainingsbedingungen bietet. Der Landwirt schätzt es nicht, wenn Sie über sein frisch gepflügtes Feld gehen, zur Brut- und Setzzeit hat der Hund nichts im Unterholz verloren und ein Trimm-dich-Pfad oder Waldspielplatz gehört in erster Linie den dafür vorgesehenen Benutzern.

Die Ausrüstung für den Hund besteht aus Halsband und/oder Geschirr und Leine. Es hat sich bewährt – zumindest am Anfang – mit dem angeleinten Hund zu arbeiten. So können Sie ihn gezielter lenken und notfalls seinen

Ein einfacher Haushaltseimer kann ein gutes Übungsgerät sein, wenn er genügend Stabilität aufweist und kippsicher aufgestellt ist.

Aktionsradius etwas einschränken. Lassen Sie dabei genügend Bewegungsspielraum, rechnen Sie vor allem bei unsicheren und motorisch nicht so geschickten Vierbeinern mit ausweichenden oder unerwarteten Bewegungen. Die Leine darf jedoch nicht so lang sein, dass sich der Hund darin verheddert oder Sie selbst ständig mit Aufwickeln beschäftigt sind.
Für die Menschen empfiehlt sich gutes Schuhwerk, das besonders im Gelände sicheren Halt bietet.
Bodenbeschaffenheit: Je nach Aufgabenstellung wird auf unterschiedlichem Untergrund gearbeitet. Trainieren Sie hier möglichst ausgewogen. Gehen auf sehr weichem, tiefem Boden kostet den Hund viel Kraft, Bänder und Sehnen werden sehr angestrengt. Ein ausgetrockneter oder gepflasterter Untergrund gibt kaum nach und belastet den Bewegungsapparat, insbesondere die Gelenke, zusätzlich.
Bei vielen Aufgaben soll der Hund nicht nur bewusst über den Untergrund gehen, sondern gleichzeitig über etwas steigen, in einer bestimmten Position verharren oder ungewohnte Bewegungen ausführen, wie z.B. rückwärtsgehen. Beginnen Sie solche Übungen auf einem Untergrund, der für Ihren Hund angenehm und problemlos zu bewältigen ist. Auf schwierigeren und anstrengenderen Untergründen wird erst mit dem geübteren Hund bzw. nur für eine kurze Sequenz gearbeitet.
Stellen Sie Übungsgeräte auf einen gut begehbaren, rutschfesten Untergrund. Zuhause können Sie bei Bedarf einen Teppich oder eine größere Isomatte unterlegen.
Verletzungsgefahr besteht auf nassen, rutschigen Böden, sehr unebenem Untergrund mit Stolperlöchern oder wenn im Gelände Scherben oder anderer Unrat herumliegt.

Neue Aufgaben – neue Signale

Bei der Bodenarbeit soll sich der Hund in erster Linie auf sich und seine Bewegungen konzentrieren. Ihre Anweisungen und Aktionen beschränken sich auf begleitende Hilfestellung. Dies kann für Hund und Mensch ungewohnt sein.
Vielleicht hat der Hund gelernt, seine Aufmerksamkeit auf Sie zu richten und mit Blickkontakt zu Ihnen zu arbeiten. Ein ständiger Blickkontakt ist bei vielen Bodenarbeit-Übungen eher kontraproduktiv, der Hund muss wahrnehmen, wohin und worüber er geht. Bei den meisten Aufgaben soll er in gerader Haltung ausbalanciert gehen und sich nicht verdrehen, um hochzuschauen. Für »Sport-Hunde« ist eine Position neben ihrem Menschen meist gleichbedeutend mit »Fuß gehen« oder Hindernisse werden mit Springen und schnellem Tempo in Verbindung gebracht. Bodenarbeit hingegen bedeutet Schritt-Tempo. Ausnahmen gibt es bei den Trab-Übungen.
Wir empfehlen Ihnen für die Bodenarbeitsübungen andere Signale als im Alltag oder Hundesport zu verwenden, dadurch weiß der Hund mit der Zeit, dass nun bestimmte Aufgaben folgen und er sich auf eine bestimmte Art und Weise bewegen soll. Das beginnt bereits beim Einstimmen auf das Kommende. Lenken Sie die Aufmerksamkeit nicht auf sich, fordern Sie keinen Blickkontakt ein. Bewegen Sie sich in gemäßigtem Tempo mit dem Hund – je nach Möglichkeit mit oder ohne Leine. So wird seine Muskulatur ein wenig aufgewärmt, ohne dass er sich bereits total auspowert.
Beispiele für die neuen Signale: »Da lang« sagt ihm, dass er in seinem eigenen Tempo über etwas gehen soll, ohne zu Ihnen aufzuschauen. »Auf« bedeutet, nur die Vorderpfoten auf einen Gegenstand zu stellen und nicht gleich darüber oder darauf zu springen.

Eine Handbewegung gibt dem Hund die zu begehende Richtung vor und zwar so, dass er dabei seinen Weg im Blick hat. Er muss nicht hochschauen, um Anleitung zu bekommen.

Die verbalen Signale werden häufig durch Handzeichen und Körperbewegungen begleitet, die dem Hund eine möglichst eindeutige Hilfestellung geben.

Vielleicht haben Sie sich angewöhnt oder erachten es für erforderlich, häufig auf Ihren Hund einzureden, ihn zu korrigieren und anzuleiten. Zu viele Anweisungen, Aufmunterungen oder Gesten lassen ihm bei diesen Aufgaben jedoch nicht genügend Spielraum und Ruhe, sich auf seine Bewegungen zu konzentrieren.
Überlegen Sie sich daher vor Beginn der Aufgabe, was Ihr Hund genau leisten soll und wie Sie ihm dies vermitteln können. Überhäufen Sie ihn nicht mit Anweisungen, lassen Sie ihm Zeit zum Nachdenken und Ausprobieren. Wenn Sie sich vom Hund Ruhe und Konzentration wünschen, sollten Sie selbst ebenfalls ruhig und konzentriert arbeiten.

Lob und Leckerchen

Zu welchem Zeitpunkt und in welcher Form Sie Ihren Hund bei der Bodenarbeit loben, werden Sie vermutlich ausprobieren müssen. Ein ruhiges Streicheln oder Körperkontakt sind für manche Hunde hilfreicher als begeisterte Worte. Andere mögen es jedoch überhaupt nicht, angefasst zu werden, wenn sie sich konzentrieren sollen. Für sie ist ruhiges Lob die größere Unterstützung.

Das Lob signalisiert dem Hund, dass er auf dem richtigen Weg ist, ermutigt ihn, weiterzumachen und unterstützt ihn, eine ungewohnte oder anstrengende Position zu halten. Ihre Rückmeldung darf ihn aber nicht von seinem Tun ablenken oder hochpuschen. Wenn er jedes Mal begeistert zu Ihnen schaut, ausholend mit der Rute wedelt oder seine Position verändert, war es zu hoch dosiert und bringt ihn aus der Balance.

Gehen Sie zurückhaltend mit Leckerchen um, bzw. setzen Sie diese sehr gezielt ein. Der Hund soll sich auf die Aufgabe, seinen Körper und eventuell noch auf Ihre Hilfestellung konzentrieren. Mit einem Stück Käse vor der Nase ist dies für viele kaum möglich. Manche sind derart fokussiert darauf, dass sie das Wesentliche – das Erlernen eines bestimmten Bewegungsablaufs – gar nicht mitbekommen.
Ein bewusst eingesetztes Leckerchen kann jedoch dabei helfen, dass der Hund eine für ihn ungewohnte Position einnimmt oder um ihm die Angst vor einem unbekannten Objekt zu nehmen. Ein Wurst- oder Käsebröckchen auf dem Hindernis, das der Hund erschnuppern und nehmen darf, ist oft schon ausreichend und er traut sich nach einigen Wiederholungen auf bzw. über das Gerät. Zögert der Vierbeiner weiterhin, können Sie als Anreiz eine Art Leckerli-Pfad über das Hindernis legen. Der Hund wird zwar

Wenn Sie Ihren Hund für seine ruhigen Bewegungen loben möchten, sollte das geschehen, während er diese ausführt. Er soll lernen, seinen Fokus auf die Aufgabe zu legen und nicht darauf, diese so schnell wie möglich zu beenden, um dann Lob und Leckerchen zu kassieren.

anfänglich vorrangig der Leckerli-Spur folgen, muss aber dazu den Kopf nach unten nehmen und langsam gehen, so nimmt er zumindest teilweise wahr, worüber er geht.
Wenn Sie ihn mit einem in der Hand gehaltenen Leckerchen locken möchten, so führen Sie die Leckerli-Hand immer so, dass er nicht nur blindlings dem Futter folgt, sondern dabei auch seinen Weg im Blick hat. Keinesfalls sollten Sie Leckerli hoch oben in der Hand halten, während der Hund doch gerade nach vorne schauend arbeiten soll.
Der Einsatz von Leckerli kann zunächst für eine Übermotivation sorgen, es geht in diesem Zwischenschritt jedoch nur darum, dass der Hund seine Scheu vor dem Objekt oder dem unbekannten Bewegungsablauf verliert. Ist dies geschehen, reduzieren Sie das Hilfsmittel wieder. Wenn der Hund z.B. gelernt hat, sich an Ihrer Leckerli-Hand zu orientieren, ist es nicht zwingend erforderlich, dass in der Hand nun immer ein Leckerli steckt.

Zeitdauer und Pausen

Die neuen Bewegungsabläufe fordern den Hund körperlich und mental. Für die meisten Anfänger reichen ein oder zwei Aufgaben völlig aus. Diese werden zwei bis drei Mal wiederholt und sollten maximal insgesamt zehn Minuten dauern. Für manchen ist auch dies bereits zu viel, sie werden besser nur an eine Aufgabe oder an einen Teilschritt herangeführt. Auch eine kurze Trainingseinheit von nur wenigen Minuten kann effektiv sein, wenn sie gut durchgeführt wurde. »Gelände-Aufgaben« finden häufig während des Spaziergangs statt. Deshalb ist man sich des Trainingseffekts oft nicht bewusst und übertreibt etwas. Auch hier sind anfangs ein bis zwei Stationen völlig ausreichend.

Ausgewachsene, gesunde Hunde können zunehmend – mit Pausen – auch mal 20 Minuten oder etwas länger trainieren und somit Ausdauer und Konzentration weiter steigern.

Schärfen Sie Ihren Blick dafür, wie es Ihrem Hund gerade geht: Kann er sich noch konzentrieren oder ist es besser aufzuhören, weil erste Ermüdungszeichen erkennbar werden? Im Idealfall beenden Sie die Übungseinheit mit einem Erfolgserlebnis, um die Motivation von Hund und Mensch für das nächste Mal zu erhalten.

Anzeichen von Ermüdung oder Überforderung:

- Der Hund bewegt nicht mehr bewusst Pfote für Pfote, sondern springt, rennt oder stolpert über die Hindernisse.
- Er zögert, verweigert oder lässt sich zunehmend durch andere Dinge ablenken.
- Er zeigt Stresszeichen und die sogenannten Beschwichtigungsgesten bzw. Übersprunghandlungen, wie sich schütteln, abwenden, kratzen, über die Nase lecken, gähnen, am Boden schnüffeln oder am Besitzer hochspringen und in die Leine beißen.

Planen Sie zwischen den Übungen kleine Erholungspausen ein. Gehen Sie mit Ihrem Vierbeiner einige Meter spazieren, streicheln Sie ihn, kuscheln Sie mit ihm oder tun Sie einfach mal bewusst gar nichts. So kann Ihr Hund »den Kopf frei bekommen«, seine Muskeln erholen sich und er sammelt neue Kräfte, um sich wieder zu konzentrieren.

Nach einer längeren Trainingspause ist es ratsam, zunächst wieder mit einfachen Übungen und kurzer Übungsdauer zu starten – auch wenn Ihr Hund zuvor bereits anspruchsvollere Aufgaben bewältigt hat.

Was tun? Hilfe bei Problemen

Wenn der Hund aufgeregt herumspringt, anstatt Schritt für Schritt auf das Podest zu steigen oder wie blockiert nicht zu begreifen scheint, wie er nun seine vier Pfoten über den wackeligen Untergrund bewegen kann, hat dies weder mit überschäumendem Temperament, noch mit Desinteresse oder Verweigerung zu tun. Sein Verhalten ist eher der Ausdruck von »Nicht-Können und Nicht-Verstehen« und daraus resultierender Verunsicherung.

Es ist vollkommen normal, dass nicht alles auf Anhieb gelingt, geben Sie nicht gleich auf. Manchmal genügt es, dem Hund etwas mehr Zeit zu lassen, ihn zu ermuntern oder geschickter zu führen. Es nützt jedoch nichts, ihn in einer »festgefahrenen Situation« noch mehr zu drängen oder motivieren zu wollen. Psychischer oder physischer Druck führt dazu, dass der Hund sich den neuen Übungen gegenüber eher verschließt. Brechen Sie die Aufgabe ab, ehe der Hund immer unsicherer oder aufgeregter wird oder gänzlich verweigert. Gehen Sie einige Schritte mit ihm, damit er sich motorisch und mental wieder entspannen kann. Im Anschluss daran starten Sie einen erneuten Versuch, eventuell mit einer einfacheren Aufgaben-Variante.

Gestalten Sie die Aufgabe einfacher: Wählen Sie beispielsweise einen breiteren, besser begehbaren Baumstamm. Der Hund geht nicht frontal auf die am Boden liegende Plane zu, die zu betreten ihm Schwierigkeiten macht, sondern

Kein Drängen oder Hochpuschen. In seinem Tempo und an lockerer Leine macht sich der Hund mit dem Gegenstand vertraut.

»nur« über eine Ecke oder steigt zunächst bloß über einen auf der Erde liegenden Pfosten, anstatt über eine ganze Reihe höher gelagerter Stangen. Erst wenn sich der Hund dabei ruhig und konzentriert bewegt, können Sie die Anforderungen allmählich erhöhen.
Manchmal ist es besser, wenn Sie die angedachte Übung zunächst hinten anstellen und auf eine vertraute Aufgabe zurückgreifen, um dem Hund wieder Sicherheit und Selbstvertrauen zu geben. Ab und an macht es Sinn, für den Moment ganz zu pausieren und etwas völlig Anderes zu tun. Wenn Sie passend auf die Probleme Ihres Hundes reagieren, lernt er mit der Zeit nicht nur den angestrebten Bewegungsablauf, sondern auch, dass er Ihnen vertrauen kann, weil Sie ihm helfen und ihm nichts zumuten, was er nicht zu leisten vermag.

Unterstützen Sie, ohne zu stören: Bei diesem Punkt ist Hilfe von außen ratsam. Selbst erkennt man nur schwer, ob die eigene Körpersprache zu hemmend oder aufputschend wirkt, die Leine genügend Bewegungsspielraum lässt und Anweisungen und Berührungen zielführend oder irritierend sind.
Eventuell hilft es Ihrem Vierbeiner, wenn Sie gemeinsam mit ihm die Aufgabe bewältigen. Dies ist natürlich nur bei Übungen wie Gehen über Planen oder kleine Hindernisse möglich. Bei Wippe oder Wackelbrett würden Sie den Hund damit eher aus dem Konzept bringen.
Manche Hunde fühlen sich sicherer, wenn sie an beiden Seiten von einer vertrauten Person flankiert und bei Bedarf gehalten werden, beispielsweise beim Gehen über eine Wippe, einen Baumstamm o. Ä. Probieren Sie aus, wie viel direkten Körperkontakt Ihr Hund dabei verträgt. Dürfen Sie die Leinenführhand dicht an seinem Kopf halten, ihn an der Hinterhand stützen, seine Pfoten berühren usw.?

Was lenkt den Hund ab oder verunsichert ihn? Ist es die Nähe von Artgenossen, ein neues Hindernis oder der vielbegangene Spazierweg? Liegen Futterreste herum oder gibt es Duftmarkierungen? Unter Umständen kann auch ein stärkerer Wind das Training erschweren. Manche Hunde lassen sich durch Geräusche oder wehende Blätter leicht von ihrer eigentlichen Aufgabe ablenken. Für andere ist es sehr irritierend, wenn ein Windstoß die Plane bläht, über die sie gerade gehen sollen.
Üben Sie die neuen Aufgaben erst einmal mit geringer Ablenkung. Wie viel aufregende oder

Für manchen Hund sind Balancier- oder Kletterübungen zunächst eine recht unsichere Angelegenheit.

besorgniserregende Reize Ihr Hund verkraftet ist abhängig von seiner Tagesform, der Entfernung zu den einzelnen Reizen und auch davon, wie attraktiv die Aufgabe für ihn ist, auf die es sich zu konzentrieren gilt. Lassen Sie ihm beim Üben in einem neuen Gelände oder mit unbekannten Gerätschaften ausreichend Zeit, um sich mit den Neuerungen vertraut zu machen.

Denken Sie auch an die einfachen Dinge:
Manchmal sind es gerade die Kleinigkeiten, welche ein Training erschweren.
Konnte sich der Hund zuvor ausgiebig lösen? Bei einer vollen Blase ist konzentriertes Üben kaum möglich.

Diese Hündin fühlt sich wohler, wenn sie an beiden Seiten begleitet wird. Dies gibt ihr Sicherheit und minimiert die Gefahr, dass der Vierbeiner abrutscht oder abspringt.

Wichtig

Hat der Hund anhaltende Schwierigkeiten mit einem bestimmten Bewegungsablauf oder verweigert diesen, können körperliche Probleme die Ursache sein. Lassen Sie dies abklären, ehe Sie weiterüben.

Wann gab es Futter? Nach dem Fressen braucht der Hund zirka eine Stunde Ruhezeit, ehe er gezielt bewegt wird. Kurz vor der Fütterung sind manche Hunde so hungrig, dass sie nach jedem Futterbrösel oder Leckerli gieren und sich kaum mehr auf die Aufgabe konzentrieren konnen.
Manches Mal ist ein Hindernis an einer für den Hund ungünstigen Stelle aufgebaut. Wird es umplatziert oder führt man den Hund aus einer anderen Richtung heran, wird es eventuell leichter für ihn.
Wenn der Hund immer wieder über dasselbe Hindernis stolpert, kann es sein, dass er es nicht richtig sieht. Die Farben rot und grün werden von Hunden als Abstufung von Grautönen wahrgenommen – eine rot lackierte Stange auf der Wiese wird der Vierbeiner deshalb vermutlich schlecht nur über das Auge bemerken können. Die Farben Blau und Gelb hingegen kann der Hund gut erkennen.

3. Bodenunebenheiten spüren und ausgleichen

So mancher Vierbeiner zögert, wenn er unbekanntes oder wackeliges Terrain betreten soll. Das ist durchaus normal – Vorsicht schont die Gesundheit. Sie erkennen seine Besorgnis auch an seinem Gang. Ist er unsicher, spannt er beim Betreten seine Pfoten an und versucht, mit den Krallen Halt zu finden oder wird immer schneller, weil er diese Herausforderung möglichst rasch bewältigen will. Mit zunehmender Sicherheit und Vertrautheit bewegt er sich in normalem Tempo und setzt seine Pfoten weicher und entspannter auf.

Die Aufgaben helfen dem Vierbeiner, Erfahrungen auf instabilen Untergründen zu sammeln. Und sie sorgen dafür, dass er achtsam mit sich selbst umgeht. Bei der Bodenarbeit geht es nicht darum, dass der Hund mehr oder weniger unerschrocken schnell mal über den Untergrund rennt, **sondern sich Zeit lässt, wahrnimmt, was er gerade erspürt und dennoch darüber geht**.

Wissenswertes: Tiefensensibilität

Überall im Hundekörper sitzen Rezeptoren für Tiefensensibilität – die Propriozeptoren: als Gleichgewichtsorgan im Ohr, in den Gelenken, Muskeln, Sehnen und der Haut. Sie geben – vereinfacht gesagt – dem Gehirn Informationen über die Position des Körpers und seiner Gliedmaßen (Richtung, Gelenkstellung, Muskelspannung usw.). Wenn sich der Hund bewegt, nehmen diese Rezeptoren Bewegungsreize auf. Dies ist wichtig, damit z. B. bei Misserfolg dieser Bewegung sogleich passend reagiert werden kann.

Beispiel: Der Hund geht über eine unebene Wiese und setzt dabei die Pfote so auf, dass er abrutscht. Die Rezeptoren »melden« diesen Kontrollverlust ans Gehirn. Als Antwort darauf gibt nun das zentrale Nervensystem dem Bewegungsapparat die Anweisung, eine Korrektur der Bewegung vorzunehmen, um die Verletzungsgefahr zu vermindern. In diesem Fall: Pfote hochnehmen bzw. wieder neu platzieren.

Dieser Prozess läuft fast automatisch und eher unbewusst ab. Seine Effektivität lässt sich jedoch durch ein entsprechendes Training deutlich steigern. Übungen, die auf instabilem Untergrund stattfinden und zum Ziel haben, Körpergefühl, Gleichgewicht und Geschicklichkeit zu trainieren, nennt man **propriozeptive Übungen**. Sie sind – vordergründig betrachtet – die unspektakulärsten, die es bei der Bodenarbeit gibt. Beim genauen Hinsehen tut sich bei dem so einfachen Gehen und Stehen eine ganze Menge.

Die Übungen

- fördern die Tiefensensibilität und Reaktionsfähigkeit
- verbessern das Zusammenspiel verschiedener Muskeln
- bilden die Grundlage für einen stabilen Stand und einen sicheren Gang
- die körperliche Stabilität wirkt sich wiederum mental aus, der Hund gewinnt an Sicherheit und traut sich mehr zu.

Basis-Übungen

Ermöglichen Sie es Ihrem Hund verschiedene Untergründe zu erfühlen und seine Bewegungen darauf abzustimmen. Beim Begehen von mehr oder weniger unebenen oder instabilen Untergründen verfeinert er diese Wahrnehmungen und lernt, wie er sein Gewicht verlagern muss und seine Pfoten vorsichtig, aber sicher platziert.

Auf unterschiedlichen Böden

Die Natur bietet viele Möglichkeiten: weicher Waldboden mit Moos, Tannennadeln oder einer tiefen Laubschicht, Wiesen mit unterschiedlichem Bewuchs, Kieswege, es finden sich sandige, morastige und trittfeste Böden.

Zubehör für zuhause: Legen Sie dem Vierbeiner eine Art Pfotenpfad aus unterschiedlichen Materialen: Stücke vom Teppichboden, Kunstrasen, Fußmatten, PVC- und Korkfliesen oder Gehwegplatten. Plastikplanen und zusammengeknülltes Zeitungspapier vermitteln nicht nur unterschiedliche Oberflächen, sondern rascheln auch etwas oder bewegen sich leicht beim Darübergehen.

Auch Baustoff-Reste wie Holzpaletten, ein Stück stabiles Wellblech, auf dem der Hund quer zu den Wellen geht, oder Gitterroste können auf dem Programm stehen. Voraussetzung: keine Verletzungsgefahr durch Splitter, scharfe Kanten oder große Gitterabstände, in denen der Hund mit den Krallen hängen bleibt.

Lernerfahrungen auf unterschiedlichsten Böden. Für den Welpen oder einen tritt-unsicheren Vierbeiner reicht eine unebene Wiese, die er in langsamem Tempo und sehr bewusst begeht.

Schotterfläche – Übung für Profis. Bis sich der Hund dermaßen souverän in steinigem Gelände bewegt, braucht es Übung und Vertrauen von beiden Seiten. Im Idealfall ist der Hund hier unangeleint. Läuft er jedoch Gefahr, das Gelände zu unterschätzen, kann er mit Leine und Geschirr abgesichert werden, ohne ihm notwendigen Bewegungsspielraum zu nehmen.

Aufbau: Führen Sie den Vierbeiner Schritt für Schritt über die entsprechende Stelle. Die Strecken sollten jeweils so groß sein, dass der Hund nicht darüber springen, sondern zumindest zwei Schritte gehen kann, damit jede Pfote den neuen Untergrund beim Auf- und Abfußen erfühlt hat.

Wenn Ihr Hund bei unbekannten Untergründen zur Unsicherheit neigt oder Probleme mit bestimmten Böden hat, beginnen Sie am besten mit naturnahen Verhältnissen. Die meisten Vierbeiner haben hiermit weniger Schwierigkeiten und können so Trittsicherheit und Zutrauen in die eigenen Fähigkeiten üben. Beim Pfoten-Pfad zuhause nützen Sie zunächst Untergründe, die dem Hund leichter fallen und legen dann immer wieder ein Stück des schwierigen Bodens dazu. Einigen Hunden hilft es, wenn Sie das Stück ungewohnten Bodens eine Zeit lang in der Wohnung oder im Garten liegen lassen. Dann kann er es in seinem eigenen Tempo erkunden.

Für manche Hunde ist Ungewohntes unter den Pfoten eine Herausforderung, der sie sich mutig stellen, für andere ist es geradezu entsetzlich.
Die Hilfestellung muss daher bei jedem ein wenig anders ausschauen: Zeit lassen zur eigenen Lösungsfindung, ermuntern und locken.

Über nachgebende Gegenstände

Zubehör: Für unsere Übungen reichen ganz normale Alltagsgegenstände: mehrfach gefaltete Decken, Schaumstoffmatten, eine Luftmatratze, ein ausgedientes Federbett oder größere flache Kartons, gefüllt mit Altpapier oder Decken.
Aufbau: Für die meisten Hunde ist es einfacher, wenn Sie mit einem Gegenstand beginnen, der nicht allzu stark nachgibt. Ermuntern Sie Ihren Hund zum Betreten. Dazu können Sie ihm mit der Hand den Weg weisen oder ihn mit einem Leckerchen locken. Bei Bedarf legen Sie ein Leckerchen darauf. Bereits beim Aufsammeln muss er sich ausbalancieren und sieht dabei auch, worauf er tritt. Manche Vierbeiner bleiben nach dem ersten Schritt erst einmal stehen, sie brauchen etwas Zeit, um der Instabilität unter ihren Pfoten »nachzuspüren« und die nächsten Schritte darauf abzustimmen.
Variation – Wackeldecke: Breiten Sie eine größere Plane oder Decke auf dem Boden aus (Enden bei Bedarf beschweren bzw. befestigen).

Mit ihm zusammen wie beiläufig darüber gehen oder auch ihn behutsam zurückzuhalten, falls er zu schnell darüber eilen möchte.

Darunter verstauen Sie in unregelmäßigen Abständen allerlei »Wackeliges«: Kissen, gefaltete Badetücher, Zeitungen, Luftpolsterfolie usw. Beim Darüber-Gehen muss sich der Hund nach fast jedem Schritt wieder neu ausbalancieren.

Gleichgewicht und Ruhe bewahren

Je instabiler und unvertrauter ein Gegenstand ist, umso schwieriger ist es für den Hund, seine Pfoten daraufzusetzen, sich auszubalancieren und darüber zu gehen.

Wackelgegenstände können Sie teilweise selbst herstellen, der Hundesportbedarf bietet jedoch eine ganze Menge – von der Wippe bis hin zum Trampolin. Auch in der Natur findet sich »Wackeliges«: der schwankende Steg über den kleinen Bach, manche Fußgängerbrücken vibrieren leicht bzw. geben etwas nach, wenn mehrere Personen darüber gehen. Vielleicht finden Sie Hängebrücken in Ihrer Umgebung? Wichtige bei den Übungen ist nicht der »Action-Faktor« oder die Leistung anderer, sondern dass Ihrem Vierbeiner ruhige und bewusste Bewegungen gelingen und er sich nach eventuell anfänglichem Zögern immer sicherer darauf bewegt.

Gehen über eine Luftmatratze: Beginnen Sie mit einem relativ hohen Festigkeitsgrad. Bei einem stark nachgebenden Untergrund fällt es den meisten Hunden schwerer, das Gleichgewicht zu halten.

Wackelbrett

Je nach Größe kann Ihr Hund darauf das ausbalancierte Stehen üben, außerdem kann er sitzen, liegen oder auch einige Schritte darüber gehen.

Zubehör: Wir arbeiten meist mit einem breiten Brett, das wir flach und über die ganze Länge auf zusammengeknüllte bzw. gefaltete Decken o. Ä. legen. Dadurch wird das Ganze leicht instabil. Solide gearbeitete, käufliche Wackelbretter, die sich gemäßigt vor- und zurück- bzw. zur Seite bewegen, eignen sich ebenfalls.

Aufbau: Am Anfang reicht Balance halten. Viele Hunde tun sich dabei leichter, wenn es nur leicht wackelt. Fixieren Sie das Brett durch Festhalten oder eine stärkere Unterpolsterung. Bei den käuflichen Wackelbrücken gibt es meist Stabilisierungshaken, durch die sich das Brett in der Bewegung einschränken lässt.

Stellen oder hocken Sie sich neben den Wackelgegenstand und ermutigen Sie den Hund darauf zu treten. Danach braucht er in der Regel etwas Zeit, um sich auszubalancieren. Loben Sie ihn, wenn er Ruhe bewahrt, lenken Sie ihn wieder herunter, ehe er selbst – womöglich überstürzt – das Wackelteil verlassen möchte.

Betritt der Hund das Brett ohne Anspannung und kann sich darauf ausbalancieren, dürfen Sie den Wackelfaktor etwas erhöhen. Verändern Sie die Auflage unter dem Brett bzw. lösen Sie die Stabilisierungshaken der Wackelbrücke.

Übungen auf dem Wackelbrett trainieren neben der Balance insbesondere die kleinen und tiefliegenden Muskelgruppen. Diese bilden das Stützkorsett, das den Körper stabilisiert.

Die Wippe

Zubehör: Es muss nicht die schmale Wippe mit dem großen Kippfaktor sein. Ein breites, gut zu begehendes Brett mit einer Auflage unter dem Mittelpunkt und eine gemäßigte Wipp-Bewegung von wenigen Zentimetern reicht, damit der Hund das Ausbalancieren erlernen kann.
Aufbau: Zu Beginn arbeiten Sie am besten mit einer Hilfsperson, die den Hund auf der anderen Seite begleitet und die Wippe stabilisieren kann. Ermuntern Sie Ihren Hund, das Brett zu betreten und bis zum Kipp-Punkt zu gehen. Dort hält er an und Ihre Hilfsperson bewegt sehr vorsichtig das Brett in die andere Richtung. Der Hund soll keinesfalls erschrecken und vom Brett springen. Eventuell belohnen Sie ihn mit Futter, wenn er während des Kippens ruhig bleibt. Anfangs fangen Sie auch das Abkippen des Brettes mit der Hand oder einem untergelegten Kissen etwas ab. Ist das Brett gekippt, darf der Hund langsam seinen Weg fortsetzen.
In weiteren Schritten bauen Sie Ihre Hilfe am Kipp-Punkt immer mehr ab (nur noch leichter Druck auf das Brettende), so dass der Hund zunehmend durch seine Gewichtsverlagerung die Wippe selbst zum Kippen bringt.
Variation für Fortgeschrittene: Wenn Ihr Hund zu denen gehört, die Gefallen am Hin-und-her-Wippen finden, können Sie noch einen Schritt weitergehen. Bringen Sie ihm bei, direkt am Kipp-Punkt stehen zu bleiben und durch Verlagerung seines Gewichtes hin und her zu wippen. Dazu brauchen Sie eine Wippe, die sich leicht kippen lässt, eventuell legen Sie eine Decke unter beide Enden, damit die Bewegung aufgefangen wird.
Stoppen Sie den Hund am Kipp-Punkt. Zeigen Sie mit der Hand auf einen Punkt kurz vor seinen Vorderpfoten oder legen Sie ein Leckerchen dort hin. Orientiert er sich dahin – bringt er fast automatisch die Wippe zum Kippen. Dann halten Sie ihn wieder an, zeigen oder legen ein Leckerchen zwischen die Vorderpfoten – er muss sich nun etwas nach hinten orientieren, tritt zurück und steht wieder auf dem Scheitelpunkt bzw. kippt durch seinen Rückwärts-Schritt die Wippe wieder zur anderen Seite. So sorgen Sie dafür, dass Ihr Hund abwechselnd einen Schritt nach vorne und nach hinten macht und so durch seine Bewegung die Wippe zum Kippen bringt. Häufig genügt es, wenn der Hund allein durch Aufschauen seinen Körperschwerpunkt verlagert, um die Wippe nach hinten zu kippen.

Balance-Kissen

Diese mit Luft gefüllten Kissen gibt es in unterschiedlichen Größen und Formen. Damit der Hund gut mit allen 4 Beinen darauf stehen kann, bzw. beim Darübergehen mit allen Pfoten das Kissen berührt, muss es ausreichend groß sein.
Zubehör: Für große Hunde brauchen Sie ein Kissen von ca. 50–55 cm Durchmesser, kleinere Tiere bis zu einer Schulterhöhe von etwa 40 cm kommen meist mit einem Durchmesser von 30–35 cm gut zurecht. Für sehr kleine Hunde eignet sich auch eine halbgefüllte Gummi-Wärmflasche.
Aufbau: Je weniger Luft im Kissen ist, umso mehr gibt es unter dem Gewicht des Hundes nach und umso schwieriger wird es für die meisten Hunde, darauf das Gleichgewicht zu halten. Beginnen Sie also mit der Luftmenge, die für Ihren Hund den geringsten Schwierigkeitsgrad darstellt.
Probieren Sie aus, welche Bewegung Ihrem Hund am leichtesten fällt: Mag er das Kissen zur Gänze überqueren, mit den Vorderpfoten darauf stehen oder sich daraufsetzen bzw. -legen?

Die unterschiedlichen Kissenformen ermöglichen verschiedene Übungsvariationen.
Beispiele:
Die Balance-Kuppel hat eine gewölbte und eine flache Seite. Unterschiedliche Schwierigkeiten ergeben sich aus der Aufgabenstellung und daraus, welche Seite Sie als Standfläche wählen.

Auf fahrbarem Untersatz

Diese Übung, bei welcher der Hund mit einer Unterlage hin und her geschoben wird

- trainiert den Gleichgewichtssinn – er muss die Bewegungen der Unterlage ausgleichen,
- stärkt die Muskulatur – er benötigt Kraft, um sich in einer bestimmten Position zu halten
- fördert sein Selbstvertrauen – es gehört Mut und Vertrauen dazu, um hier ruhig zu bleiben.

Zubehör: Als zieh- bzw. fahrbarer Untersatz eignet sich eine stabile Decke oder Plane, ein größerer Karton, niedriges Rollbrett o. Ä.
Aufbau: Im ersten Lernschritt machen Sie den Vierbeiner mit dem Untersatz vertraut. Dabei kann er auf der Decke stehen, sich hinlegen oder hinsetzen. Zunächst bekommt er Lob/Belohnung für das Betreten, dann zunehmend dafür, dass er

Liegt das Gerät auf der flachen Seite, kann der Vierbeiner darüber gehen oder versuchen, in unterschiedlichen Positionen darauf das Gleichgewicht zu halten.

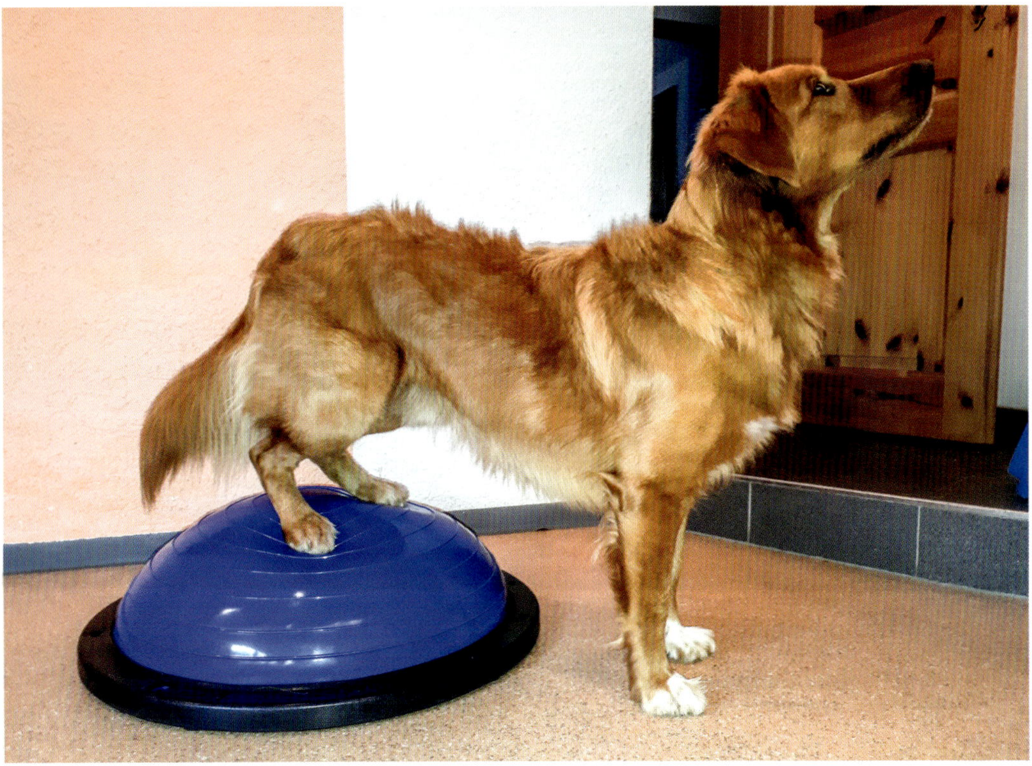

Liegt die runde Seite unten, muss sich der Hund deutlich stärker ausbalancieren. Für die meisten Hunde ist es einfacher, wenn sie »nur« die Vorderbeine auf die flache Seite stellen und für kurze Zeit in dieser Haltung verharren (siehe auch Kapitel Position halten). Schwieriger wird es, wenn der Hund auf das Gerät steigt und dort im Sitzen, Liegen oder Stehen das Gleichgewicht halten soll.

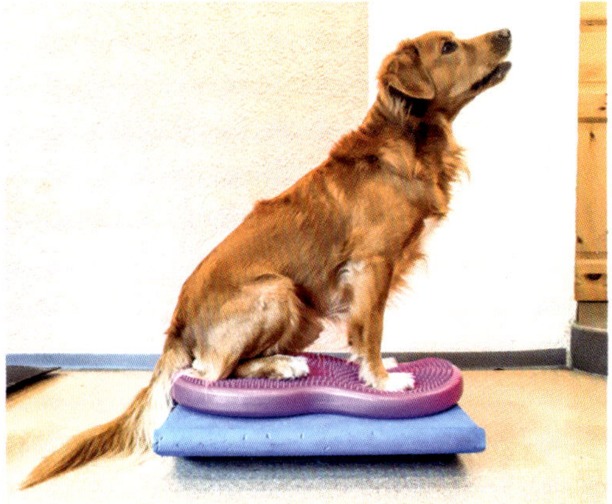

Kissen mit genoppter Oberfläche trainieren zusätzlich zum Balance-Halten die Pfotenwahrnehmung.

dort ruhig verweilt. Ein fahrbarer Untersatz muss in diesem Übungsschritt gegen Wegrollen gesichert werden.

Als nächstes bewegen Sie den Untersatz ganz leicht: Zupfen Sie etwas an der Decke, wackeln Sie ein wenig am Rollbrett. Loben und belohnen Sie den Hund, während es wackelt.

Achten Sie jedoch darauf, ihm nicht permanent Futter anzubieten, lassen Sie ihm Zeit, um sich mit der Situation auseinanderzusetzen. Viele Hunde verändern dabei mehrfach ihre Position (stehen, sitzen, liegen). Sie müssen erst ausprobieren, wie sie ihr Gleichgewicht am besten halten können.

Wenn der Hund trotz Wackeln ruhig auf dem Untersatz bleibt, dürfen Sie einen Schritt weitergehen: Das Zuppeln und Wackeln kann nun etwas intensiver ausfallen – aber immer nur so stark, dass der Hund die Bewegungen ausgleichen kann. Hat er sich auch daran gewöhnt, beginnen Sie mit dem Ziehen oder Schieben. Eventuell brauchen Sie hierbei eine Hilfsperson, die die Unterlage bewegt, während Sie den Hund loben und beobachten, wie er mit diesen Bedingungen zurechtkommt.

4. Position halten

In diesem Kapitel beschreiben wir Aufgaben, bei denen der Hund für kurze Zeit in einer bestimmten Position verharrt, welche eine erhöhe Muskelspannung verursacht. Einige beliebte »Hunde-Tricks« wie Männchen machen und give five basieren auf diesem Prinzip. Sie kennen solche Übungen vielleicht bereits aus Ihrem eigenen Sportprogramm und wissen dadurch, dass diese sehr effektiv, aber anstrengend sein können. Die Arme waagerecht auszustrecken ist machbar, sie ausgestreckt zu halten, kann ganz schön schwierig werden.

Auch wenn der Vierbeiner mit Spaß bei der Sache ist, vergessen Sie nicht, dass es gleichzeitig Arbeit ist für ihn – körperlich und mental. Bauen Sie die Übungen deshalb wohl dosiert ins Training ein, beschränken Sie sich beim untrainierten Hund zunächst auf eine Aufgabe und motivieren Sie ihn zum Durchhalten. So können Sie die Freude an diesen Übungen aufrechterhalten, ohne Ihren Hund zu überfordern.

Wissenswertes: Statische Übungen – Isometrisches Training

Bei statischen Übungen nimmt der Hund eine bestimmte Haltung ein und bewegt sich anschließend nur unwesentlich. Die Muskeln werden nicht durch Bewegung gekräftigt, sondern durch Anspannung. Die Dauer des Verharrens richtet sich nach dem Trainingsstand und dem gewünschten Trainingseffekt. Zu Beginn des Trainings sind bis zu drei Sekunden ausreichend. Fortgeschrittene Hunde können bis zu 20 Sekunden, die Profis auch eine Minute oder länger Positionen halten. Noch intensiver wird die Muskulatur trainiert, wenn der Körper minimalem Druck oder Zug ausgesetzt ist (siehe Gegenhalten).

Statische/isometrische Übungen:

- kräftigen die Muskulatur, dies verhilft dem Hund zur mehr Stabilität und Kraft. Die Muskulatur spannt sich bei der Aktivierung über einen bestimmten Zeitraum an und es werden Wachstumsreize gesetzt.
- wirken sich positiv auf die Körperwahrnehmung aus. Bewusstes Stehen z.B. regt den Hund dazu an, alle vier Pfoten als gleich wichtig wahrzunehmen.
- verbessern Koordination und Balance. Durch das Halten von – auch ungewohnten – Positionen wird der Gleichgewichtssinn trainiert. Ein geschultes Gleichgewicht ist gleichzeitig die Voraussetzung für ein verbessertes Gangbild.
- sind eine gute Trainingsergänzung für Sport- und Ausstellungshunde. Diese sollen beispielsweise die Positionen »Steh, Sitz oder Platz« nicht nur nahezu perfekt einnehmen können, sondern auch über einen bestimmten Zeitraum beibehalten. Das setzt ein Training der Motorik und der Konzentration voraus.

Basis-Übung »Steh«

Bewusstes und ausbalanciertes Stehenbleiben ist bei der Bodenarbeit immer wieder gefragt. Als separate Übung, wie in diesem Kapitel beschrieben, oder integriert in andere Aufgaben: Der Vierbeiner soll beispielsweise während des Gehens über Stangen oder verschiedene Untergründe stehen bleiben, einen Moment verharren und dann wieder weitergehen.

Aufbau: Führen Sie Ihren Hund mit einem Leckerli oder Spielzeug in die gewünschte Position. Belohnen Sie exakt dann, wenn er diese eingenommen hat. Wenn Sie gleich mehrere Leckerli in die Hand nehmen, können Sie ihn ohne großen Zeitverlust weiter in der Position belohnen.
Kennt der Hund die richtige Position, geben Sie ihm in dem Moment, in welchem er ruhig auf allen vier Pfoten steht, das dafür vorgesehene Wortsignal und/oder Sichtzeichen.
Als nächstes lernt er für kurze Zeit im Steh zu verharren. Entfernen Sie die Belohnungshand zwischendurch immer weiter vom Hund und reichen ihm das Leckerchen erst für eine Sekunde ruhiges »Steh«. Verlässt er zwischendurch die

Daran erkennen Sie, dass Ihr Hund ausbalanciert steht: Vorder- und Hinterbeine parallel gestellt und gleichmäßig belastet, Rute locker, Rücken gerade.

Position, bringen Sie ihn ruhig wieder zurück in die richtige Haltung und belohnen ihn dann. Wenn Ihr Hund einige Sekunden im Steh verharren kann, beginnen Sie damit, Ihre eigene Position zu verändern. Machen Sie unter weiterer Verwendung des Kommandos einen Schritt zurück oder zur Seite. Anschließend treten Sie gleich wieder an den Hund heran und belohnen ihn für sein Stehenbleiben. Achten Sie beim Zurückgehen darauf, dass er die Position nicht – auch nicht in der letzten Sekunde- verlässt, um das Leckerli zu erreichen. Wiederholen Sie deshalb am besten nochmals das Signal, bevor Sie dann zügig das Leckerli geben.
Viele Hunde haben gelernt, eine Belohnung als Auflösung der Übung zu betrachten und fallen dann aus der Position. Wenn Sie möchten, dass der Hund weiterhin im »Steh« verharrt, wiederholen Sie bei der Leckerligabe das Kommando und geben Sie bei Bedarf ein Handzeichen, damit der Hund versteht, dass die Übung weitergeht. Beenden Sie die Aufgabe mit einem bewussten Auflöse-Signal.
Zunehmend können Sie dann Ihren Abstand zum Vierbeiner vergrößern bzw. Ihre Position zu ihm verändern, so dass Sie auch seitlich neben ihm stehen oder später sogar um ihn herumgehen.

Stehen am Hang: Beginnen und bevorzugen Sie hangaufwärts. Für viele Hunde ist dies die einfachere Position und sie ist weniger belastend für die Vorhand, die ohnehin den überwiegenden Anteil des Körpergewichtes trägt. Häufig gehen die Hunde nach dem Signal zum Anhalten noch einen weiteren Schritt oder treten auf der Stelle, weil sie das Ausbalancieren auf der Schräge nicht gewohnt sind.

Mit erhöhten Vorderbeinen stehen

Zubehör: Die Auflage dafür muss standfest sein und dem Hund sicheren Halt für die zwei Pfoten bieten. Je nach Hundegröße eignen sich dafür: umgedrehter Eimer, Podest, Trittstufe, größeres Buch, Holzbrett, Baumstamm, flacher Stein.
Aufbau: Leiten Sie Ihren Hund (eventuell mit Futter) zum Podest und animieren Sie ihn dazu, zunächst eine Pfote darauf zu setzen. Belohnen Sie anfangs jede richtige Bewegung.
Sobald der Hund regelmäßig eine Pfote auf das Podest setzt, belohnen Sie nicht mehr das Aufsetzen der Pfoten, sondern das Halten dieser Position – also Lob, während die Pfote ruhig auf dem Podest liegt.
Nun können Sie den Hund animieren, auch die zweite Pfote auf das Podest zu nehmen. Belohnen Sie hierfür wieder zunächst die Bewegung, d.h. das Nachziehen der Pfote in

Beim Stehen mit erhöhten Vorderbeinen verlagert sich der Schwerpunkt nach hinten. Die Hinterhand nimmt mehr Gewicht auf, dabei werden die Muskeln der Hinterbeine aktiviert.

Eine kleine Auflagefläche und die Höhe machen die Aufgabe deutlich schwieriger. Der Hund muss mehr Kraft aufwenden, um seine Position und das Gleichgewicht zu halten.

Richtung Podest und später das ruhige Abstellen der zweiten Pfote.
Sobald der Hund zuverlässig seine Vorderpfoten auf das Podest stellt, können Sie ein Wortsignal dafür einführen.
Wird er unruhig oder zu übereifrig ist es besser, kurz abzubrechen, als ihn ständig zu korrigieren oder mit der Hand in die richtige Position zu drängen. Er soll die Position selbst einnehmen und nicht dahin geschoben werden. Führen Sie ihn nach kurzem Innehalten nochmals ruhig an die Auflage heran.
Wenn Ihr Hund das Grundprinzip begriffen hat, können Sie unterschiedliche Auflagenhöhen und Gegenstände verwenden.

Mit erhöhten Hinterbeinen stehen

Damit der Hund lernt, mit beiden Hinterpfoten auf einer Erhöhung stehen zu bleiben, gibt es verschiedene Möglichkeiten. Für die meisten Hunde ist die Entwicklung aus der Vorwärtsbewegung heraus die einfachste.

Aufbau s. Bilder rechts.

Eine weitere Möglichkeit ist es, den Hund aus dem Rückwärtsgehen an eine Erhöhung heran zu führen. (Beschreibung zum Rückwärtsgehen, s. Kapitel Vorwärts – Rückwärts – Seitwärts)

Führen Sie den Hund in gerader Linie über ein Podest.

Wenn er es mit beiden Vorderpfoten bereits wieder verlassen hat, die Hinterbeine jedoch noch darauf stehen, geben Sie ihm das Signal zum Stehen. Bei Bedarf halten Sie zusätzlich Ihre flache Hand vor seine Brust, um ihn zu stoppen bzw. in der gewünschten Haltung zu stabilisieren. Loben Sie ihn sofort, wenn der in dieser Position verharrt.

Verharren in unterschiedlichen Positionen

Hierzu gibt es viele Anregungen aus den Bereichen Beschäftigung und Tricks. Um den Hund im Sinne der Bodenarbeit zu fördern, reichen einfache, aber gut ausgeführte Positions-Aufgaben völlig aus.

Überlegen Sie bei jeder Aufgabe, ob dem Hund die geforderten Bewegungen möglich sind und was er dazu bereits können sollte. Wenn Ihr Hund beispielsweise auf einem flachen Stein sitzen und die Pfote hochhalten soll, dann muss er zunächst lernen, auf den Stein zu klettern und dort sitzen zu bleiben. Zudem muss er gesondert gelernt haben, auf Anweisung seine Pfote zu heben.

Auf dem Podest

Zubehör: Eine stabile und ausreichend große Auflage, auf die der Hund ohne Probleme hinauf- und herabsteigen kann: niedriger Tisch, abgeflachter Stein, Mäuerchen oder stabiles Brett mit rutschfester Oberfläche. Der eine oder andere Vierbeiner braucht eventuell etwas Zeit, um sich an die – wenn auch geringe – Höhe zu gewöhnen und daran, dass der Raum begrenzt ist und er nicht einfach loslaufen kann.

Aufbau: Für die meisten Hunde ist es einfacher, wenn zunächst das Sitzen geübt wird, ehe er stehen bleiben soll. Wenn Ihr Hund Berührungen zulässt, können Sie ihm bei der Steh-Übung mit einer Hand vor der Brust und mit der anderen unter dem Bauch leichten Halt geben. Spüren Sie, dass er im Gleichgewicht steht, lösen Sie

Bei ausreichendem Platz sind auch Positionswechsel möglich: von Sitz ins Steh und wieder ins Sitz oder Platz.

Ihre Hände und lassen ihn für wenige Sekunden frei stehen. Dann darf er herabsteigen.
Ziel der Übungen ist immer, dass der Hund ruhig und ausbalanciert mehrere Sekunden lang in der gewünschten Position auf dem Podest verweilen kann.
Ein schöner Nebeneffekt: Tierärztliche Untersuchungen auf dem Tisch verlaufen entspannter, wenn der Hund gelernt hat, auf erhöhten Flächen ruhig zu bleiben.

Pfoten heben

Aufbau: Für den Klassiker »Pfote geben« befindet sich der Hund in der Sitz-Position, in dieser kann er sich gut ausbalancieren. Hocken Sie sich ihm gegenüber, damit Ihre Hand nur wenige Zentimeter über dem Boden ist.
Halten Sie ein Leckerchen in der geschlossenen Hand dicht vor den Hund. Er wird versuchen, Ihre Hand zu öffnen. Reagieren Sie nicht, solange er daran knabbert. Sobald er seine Pfote zu Hilfe nimmt, loben Sie ihn für diese Idee und geben ihm das Leckerchen. Nach einigen Wiederholungen wird er immer schneller seine Pfote heben, um dadurch an das Leckerchen zu kommen. Jetzt können Sie auch das dafür vorgesehene Signalwort sagen.

Eine andere Möglichkeit: Umfassen Sie vorsichtig eine der Vorderpfoten des vor Ihnen sitzenden

Manchen Hunden ist es angenehmer, wenn sie ihre Pfote in die Hand des Menschen legen können, ohne dass diese umfasst wird. Dann berühren Sie nur die entsprechende Pfote und belohnen den Hund, sobald er diese anhebt. Im nächsten Schritt stellen Sie ihm nach dem Pfote-Anheben einfach Ihre Handfläche zur Verfügung.

Vierbeiners (zu Beginn immer dieselbe) und sagen Sie dazu das Kommando, das Sie damit verknüpft haben möchten, z. B. »linke Hand«. Die meisten heben darauf die betreffende Pfote ein wenig an, was natürlich sogleich belohnt wird. Viele Hunde verstehen die Übung sehr schnell und heben die Pfote schon, wenn das Kommando kommt oder die Hand sich zu dem Hundebein bewegt. In weiteren Übungsschritten können Sie die Pfote auch für einen kurzen Moment festhalten, geben Sie dazu ein Leckerchen und beenden dann die Aufgabe. Zunehmend verlängern Sie die Wartezeit bis zum Leckerchen, so dass der Hund immer etwas länger in dieser Position verharrt.
Nachdem Ihr Hund das Pfotegeben auf der einen Seite gelernt hat, beginnen Sie mit der anderen Pfote »Rechte Hand«. Beginnen Sie exakt wieder beim ersten Schritt der Übung. Weil sich unsere Hunde stark an unserer Körpersprache orientieren, wird es ihm leichter fallen, wenn Sie für die zweite Pfote auch die andere Hand verwenden.

Variation: Sie können nach dem gleichen Prinzip das Pfotegeben auch im Steh üben. Beginnen Sie hier wieder mit kleinen Schritten, für den Hund ist es in dieser Haltung deutlich schwieriger, sich auszubalancieren.
Eine Erweiterung dieser Übung ist, dass der Hund lernt, jedes Bein auf Anweisung einzeln zu heben. Hundehalter trainieren dies oft unbewusst und fast nebenbei beim Pfotenabputzen. Berühren Sie den Hund kurz im Fußbereich des betreffenden Beines, um die Aufmerksamkeit auf diesen Bereich zu lenken. Die meisten Vierbeiner heben darauf die betreffende Pfote ein wenig an. Dieser erste Schritt ist bereit ein Lob wert. Um sein Gleichgewicht zu trainieren und die Muskeln zu stärken genügt es, wenn der Hund die betreffende Pfote anhebt, er muss sie nicht unbedingt in Ihrer Hand ablegen.

Wichtig

Bei Hunden, die sehr sensibel mit ihren Pfoten sind, hilft es, sie generell an Berührungen im Bereich der Beine und Pfoten zu gewöhnen. Langsames, nicht zu langes Streicheln im Vorfeld, eher wie zufällig, kann hier unterstützen.

Männchen machen

Aufbau: Lassen Sie Ihren Hund sitzen und halten Sie die geschlossene Hand mit dem Leckerli über seine Nase. Sobald er beginnt, an der Hand zu schnuppern, nehmen Sie diese geringfügig höher. Er wird versuchen, sich der Hand hinterher zu strecken. Sollte er dabei hochhüpfen, senken Sie die Hand, der Hund setzt sich wieder und Sie beginnen von vorne. Sobald der Vierbeiner eine Vorderpfote vom Boden hebt, um sich lang zu machen, loben Sie ihn dafür.
Im nächsten Schritt halten Sie die Hand gerade so weit über seine Nase, dass er sie nur erreicht, wenn er beide Vorderpfoten vom Boden löst, gleichzeitig aber der Hundepopo auf dem Boden bleibt. Auch dafür hat Ihr Hund eine Belohnung verdient. Zu diesem Zeitpunkt können Sie damit beginnen, ein Kommando zu etablieren.

Männchen machen ist eine gute Übung für Rücken, Kruppenmuskulatur und Hintergliedmaßen, bei der sich der Hund sehr ausbalancieren muss. Für manche Hunde liegt hier eine große Herausforderung. Gegebenenfalls sprechen Sie mit Ihrem Hundephysiotherapeuten, ob die Übung für Ihren Hund geeignet ist.

Viele Hunde tun sich anfänglich schwer, den Oberkörper zu stabilisieren, dazu braucht es ein starkes Rumpfmuskelkorsett. Deshalb versucht Ihr Hund vielleicht, sich mit einer Vorderpfote oder der Nase an Ihrer Hand festzuhalten bzw. anzulehnen. Lassen Sie dies bei seinen ersten Versuchen ruhig zu. Er bekommt dadurch Sicherheit und die betroffenen Muskelgruppen können sich auf die neue Übung vorbereiten.

Wenn er mit dieser Hilfestellung schon eine Weile in der Position verharren kann, entfernen Sie die Hand ein klein wenig nach oben von der Nase oder ziehen Sie sie vorsichtig von der festhaltenden Pfote weg. Schon der erste Moment, den er sich – ohne festzuhalten – stabilisieren kann, ist leckerliwürdig!
Geben Sie danach seinem Kopf und seiner Muskulatur ein paar Minuten Zeit zum Ausruhen, bevor Sie den nächsten Versuch starten. Machen Sie nicht zu viele Versuche hintereinander, Bauch- und Rückenmuskulatur sind zwar in der Lage, große Kraftaufwendungen zu leisten, ermüden aber schnell.

Gegenhalten – eine gute Ergänzung

Damit meinen wir isometrische Übungen, bei denen der Hund auf einen Berührungsdruck von außen reagiert. Wie müssen Sie sich das vorstellen? Sie legen Ihre Handfläche z.B. seitlich auf den Oberschenkel des Hundes und drücken leicht dagegen. Der Hund konzentriert sich auf das Körperteil, das berührt wird, und muss, um das Gleichgewicht zu halten, einen Gegendruck aufbauen, d.h. das Gewicht ein wenig verlagern und die entsprechenden Muskeln anspannen. Isometrische Übungen, bei denen mit geringem Zug auf die Muskulatur gearbeitet wird, sollten durch den Physiotherapeuten bzw. nur nach entsprechender Einweisung selbst durchgeführt werden.

Aufbau: Wählen Sie ein bestimmtes Wort, mit dem Sie die Berührung ankündigen, z.B. »Anfassen«.
Im ersten Übungsschritt kündigen Sie die Berührung an und legen dann Ihre Handfläche behutsam auf die vorgesehene Stelle, ohne

Geeignete Druckpunkte sind Schulter, Hüfte und Brust. Eventuell kann Ihnen eine Fachperson die passenden Stellen am Hundekörper sowie Druckstärke und Handhaltung zeigen. Je langsamer und ruhiger die Übung durchgeführt wird, umso effektiver ist sie.

Druck auszuüben. Loben bzw. belohnen Sie den Hund, während Ihre Hand an der entsprechenden Körperstelle liegt. Danach nehmen Sie Ihre Hand langsam weg.

Wenn der Hund hierbei ruhig hält, gehen Sie zum nächsten Schritt: Anfassen ankündigen, berühren und dabei ganz leichten Druck ausüben. Vielleicht bemerken Sie nun bereits einen Gegendruck Ihres Hundes. Wieder wird der Hund gelobt, solange Ihre Hand noch an der Stelle verweilt. Manche Hunde können den Druck allerdings nicht spontan ausgleichen, sie weichen aus, verlagern das Gewicht, setzen die Pfoten anders. Bleiben Sie dennoch mit Ihrer Hand am Hundekörper, bis der Hund wieder ruhig und stabil steht. Dann wird er gelobt und Sie beenden die Übung.

In weiteren Übungsschritten erhöhen bzw. variieren Sie den Druck, jedoch immer nur so stark, dass der Vierbeiner dies ausgleichen und aushalten kann. Wenn er ständig ausweicht, sich hinsetzt oder die Pfote hochnimmt, war es zu viel.

Erst wenn Sie zuverlässig Gegendruck verspüren, können Sie dazu übergehen, den Hund ganz bewusst für das Gegenhalten, d.h. Anspannen der

Manchen Hunden fällt die Übung leichter, wenn sie von zwei vertrauten Personen durchgeführt wird. So kann sich einer auf die Bestätigung des Hundes konzentrieren, während der andere die Übung durchführt.

Muskulatur, zu loben. Das bedeutet: Sie warten auf den Gegendruck und loben bzw. belohnen erst dann. Ziel ist, dass Hund und Mensch zirka 10–15 Sekunden diesen Druck halten.

Achtung! Wenn Sie Ihre Hand vom Hund nehmen, denken Sie daran, dass er sich dagegenlehnt. Ein zu schnelles Wegnehmen der Hand, lässt Ihren Hund straucheln. Reduzieren Sie deshalb allmählich den Druck, ehe die Berührung endet, damit Ihr Hund sich darauf einstellen kann.

Flächiger, leichter Druck

- auf den Schenkel stärkt die seitliche Muskulatur der Hinterhand
- gegen das Brustbein aktiviert die gesamte Rumpfmuskulatur
- gegen die Schulter stärkt die seitliche Muskulatur der Vorderhand
- diagonal (siehe Fotos) trainiert Bauch- und Rückenmuskeln und die Muskulatur der Gliedmaßen

5. Über kleine Hindernisse steigen

Wissenswertes: Koordinationsfähigkeit – Die Ordnung, die in der Bewegung steckt

Hinter jeder noch so einfachen Bewegung steht ein fein aufeinander abgestimmtes Zusammenspiel zwischen Gehirn, Rückenmark und Muskeln. Die motorischen Zentren im Gehirn planen und steuern die einzelnen Bewegungsabläufe. Sie senden die entsprechenden Signale, die dann über Rückenmark und Nerven an die Muskeln geleitet und dort in Bewegung umgesetzt werden. Jeder Muskel weiß, wie er wann arbeiten muss. Durch ständige Rückmeldungen werden die Bewegungen angepasst bzw. korrigiert.
Je besser diese Koordination gelingt, umso ökonomischer und harmonischer ist ein Bewegungsablauf: Fehlbelastungen von Gelenken, Bändern und Muskeln werden reduziert, der Energieaufwand verringert sich und die Bewegung wird effektiver.
Eine gute Koordination ist nicht ausschließlich angeboten, sie muss erlernt und weiterentwickelt werden. Sie ist die Grundlage dafür, dass Eigenschaften wie Schnelligkeit, Kraft oder Ausdauer voll wirksam werden können. So nützt beispielsweise eine hohe Renngeschwindigkeit nur wenig, wenn der Hund nicht um die Kurve kommt.

Steigen über Hindernisse fördert viele der Fähigkeiten, die für koordinierte Bewegungen nötig sind:

- Konzentration auf die zu bewältigende Aufgabe und das eigene Tun. Der Hund muss das Hindernis wahrnehmen, realisieren, dass er dies bewältigen soll und sich dann sogleich auf seine dazu nötigen Bewegungen konzentrieren.
- Räumliches Orientierungsvermögen. Im Laufe der Zeit lernt der Hund, den Abstand zu Hindernissen und deren Höhe immer besser abzuschätzen und zu erkennen, wann und wie hoch er seine Beine heben muss.
- Gleichgewicht und präzise Bewegungen. Dabei hilft eine gut ausgebildete Muskulatur, durch das Steigen werden besonders die Bauch- und Rückenmuskeln gestärt.
- Körperbewusstsein. Beim Übersteigen müssen die Beine stärker und gezielter gebeugt werden, als beim Gehen auf der Ebene. Dadurch wird der Fokus auf das jeweilige Bein gelenkt. Davon profitiert insbesondere die Hinterhand des Hundes, die häufig nur eingeschränkt wahrgenommen wird.

Diese Aufgaben sind bei uns ein wichtiger Bestandteil in jedem Bodenarbeits-Kurs. Zum einen fördern sie die motorische Geschicklichkeit des Hundes, zum anderen hilft das Erlernen eines flüssigen Bewegungsablaufs und eine gewisse Routine im Bewältigen von Hindernissen auch in vielen Alltagssituationen. Häufig kommen Hundehalter »nur« deshalb zum Bodenarbeits-Training, weil ihr Hund über Hindernisse stolpert, Probleme beim Treppengehen hat oder nicht gerne ins bzw. aus dem Auto steigt.

Hunde überwinden Hindernisse auf ganz unterschiedliche Art. Das hängt mit ihrer Größe, dem Körperbau oder einer körperlichen Beeinträchtigung zusammen. Kleine Hunde bewältigen ein Hindernis oftmals, in dem sie darauf bzw. darüber hüpfen, während sehr große und schwerere Tiere mehr oder weniger geschickt darüber treten. Häufiges Springen wäre für sie oder den Vierbeiner mit langem Rücken und sehr kurzen Beinen auch nicht zu empfehlen, weil dadurch vorzeitige Degenerationen am Bewegungsapparat entstehen können. Für viele Hunde ist es sinnvoll, frühzeitig Alternativen aufzuzeigen und zu trainieren, ehe sie zu sehr in vielleicht unpassenden Bewegungsmustern festgefahren sind.

Manche Hunde »kämpfen« regelrecht mit einer mentalen Sperre, für sie ist ein Hindernis eine Begrenzung, bei der es nicht weiter geht. Sie umrunden lieber einen quer liegenden Ast, als auf geradem Weg darüber zu steigen. Bei manchen stellt sogar eine Schattenlinie, die Veränderung des Untergrundes (z.B. andere Fliesen) oder der Türdurchgang eine optische Begrenzung dar, die sie nur zögernd überschreiten. Für diese Vierbeiner sind die nachfolgenden Übungen weit mehr als nur Gymnastik. Der Hund lernt mit geduldiger Anleitung, wie er vorgehen muss, wie groß seine Schritte sein dürfen, wie er die Pfoten setzt und seine Gliedmaßen in harmonischem Ablauf bewegt. Je häufiger ihm dann erfolgreiche Bewegungsabläufe gelingen, desto mehr schwinden Angst und Stress vor derartigen Anforderungen.
Aufgeregte und/oder unkonzentrierte Hunde sind oft flott unterwegs oder lassen sich leicht ablenken. Ein Hindernis ist nur eine Unterbrechung auf ihrem Weg, die sie irgendwie hinter sich bringen. Sie achten nicht in ausreichendem Maß auf die Bewegung, welche in diesem Moment erforderlich ist, sondern eilen in Gedanken und ihrem Tun voraus und sind bereits mit dem nächsten beschäftigt. Die Übungen helfen ihnen dabei, sich langsam und mit Bedacht zu bewegen und einen gleichmäßigen Rhythmus zu finden, der Spannung abbaut und Ruhe entstehen lässt.

Stangenhindernisse

Die folgenden Aufgaben orientieren sich an den Cavaletti-Übungen aus der Bodenarbeit mit Pferden. Zum Übersteigen eignen sich nicht nur die bekannten Holzstangen, zumal diese – selbst wenn sie auf dem Boden aufliegen – für einige Hunde zu hoch sind. Nützen Sie zusammengerollte Decken, Papprollen, Besenstiele, Schwimmnudeln, PVC-Rohre oder schmale Latten. Eine weitere Möglichkeit ist Absperrband, das zwischen zwei Pfosten o. Ä. angebracht wird. Wichtig ist, dass Stangenhöhe und Durchmesser zur Größe des Hundes passen. Ein Anhaltspunkt: die maximale Höhe liegt etwas oberhalb des Sprunggelenks des jeweiligen Vierbeiners, je nach Rasse etwa zwischen 5 und 25 cm.
Der Einfachheit halber verwenden wir bei den nachfolgenden Übungsbeschreibungen den Begriff Stangen.

Basis-Übung »Steigen«

Um das Steigen zu üben, reicht eine auf dem Boden liegende Stange.

Aufbau: Führen Sie den Hund aus etwas Abstand auf die quer vor ihm liegende Stange zu und in normalem Tempo darüber. Am einfachsten ist es, wenn der Hund im rechten Winkel auf die Stange trifft und sie mittig übersteigt. Sie selbst können neben den Stangen gehen, wenn Sie diese ebenfalls übersteigen, sollte Ihr Bewegungsablauf mit dem des Hundes übereinstimmen oder ihn zumindest nicht behindern. Sollte Ihr Hund zögern, weisen Sie ihm mit einem bodennah gehaltenen Leckerchen den Weg. Sie können sich selbst auch hinter die Stange stellen und den davorstehenden Vierbeiner dazu animieren, auf Sie zuzugehen. Bei sehr unsicheren Hunden beginnen wir oft mit einem Band, das er überschreiten soll. Als nächstes verwenden wir dann beispielsweise eine gefaltete Decke.

Es ist durchaus möglich, dass der Hund beim ersten Mal mit seinen Vorderbeinen über die Stangen steigt, beim Weitergehen jedoch mit den Hinterbeinen hängen bleibt oder drauftritt. Viele Hunde lernen erst durch Wiederholungen, ihre Hinterhand gezielt mit zu bewegen. Manche Hunde scheinen dünne Stangen nicht richtig wahrzunehmen und ziehen sie beim

Unkonzentrierte Hunde schenken einem Hindernis oft nicht die nötige Aufmerksamkeit. Ein ruhiges Umfeld und kurze Übungseinheiten helfen, sich auf die gewünschte Bewegung zu konzentrieren. Mancher Hund benötigt zum Einstieg eine einfache Aufgabe, beim anderen muss sie anspruchsvoller sein, damit er die Notwenigkeit erkennt, seinen Fokus darauf zu richten.

darüber gehen einfach mit. Hier verwenden wir dann gerne PVC-Rohre oder stabile Papprollen. Sie bergen kaum Verletzungsgefahr und sind in unterschiedlichen Größen im Baumarkt erhältlich. Papprollen verbergen sich häufig in aufgerollten Teppich- oder Folienbahnen.

Wenn es Ihrem Hund wiederholt schwerfällt, über Hindernisse zu steigen

- Reduzieren Sie die Höhe des Hindernisses.
- Vergrößern Sie den Abstand zum Hindernis, damit der Hund beim Heranführen ausreichend Gelegenheit hat, sich vorzubereiten.
- Überprüfen Sie das »Anlauf-Tempo«: Zu schnelles Tempo verleitet den Hund zum Überspringen. Wenn Sie vor bzw. während des Übersteigens langsamer werden oder gar stocken, bremst ihn dies aus. Er fällt aus der Aufmerksamkeit, muss sich neu ausbalancieren und wird eher verunsichert.
- Manche Hunde empfinden es als Unterstützung, wenn sie kurz am Fuß oder im Pfotenbereich angetippt werden, um die Aufmerksamkeit ganz auf den betreffenden Bereich zu lenken. (Siehe Übung »Pfoten heben«)

Variationen – so wird es interessanter und schwieriger

Wenn der Hund am Boden liegende Stangen gut meistert, dürfen die Aufgaben schwieriger werden. Variieren Sie die Stangenhöhe, verlängern Sie die Reihe der zu übersteigenden Stangen oder platzieren Sie diese in unterschiedlichen Abständen.

Hierzu ein paar Ideen:

Mehrere Stangen hintereinander: Führen Sie den Hund in möglichst gleichmäßigem Tempo und ohne anzuhalten über vier bis zirka sechs Stangen hintereinander.

Damit ein flüssiger Bewegungsablauf entstehen kann, sollte der Abstand zwischen den Stangen auf die Schrittlänge des jeweiligen Vierbeiners abgestimmt sein. Ein grober Anhaltspunkt: Stangenabstand zirka Rückenlänge des Hundes. Das Alter, der gesundheitliche Zustand oder die Muskelspannung können die Schrittlänge beeinflussen. Anzeichen dafür, dass die Abstände verlängert oder verkürzt werden müssen: der Hund stolpert, tritt auf die Stangen, geht abgehackt und hält den Rücken nicht gerade.

Mikado: Die Stangen (ca. 6–8) werden so ausgelegt, dass sie unregelmäßige Zwischenräume bilden und einige Stangen übereinander

Damit der Hund auch bei sehr unregelmäßigen Abständen immer in den Zwischenraum und nicht auf die Stangen tritt, braucht er seine ganze Aufmerksamkeit.

und dadurch erhöht liegen. Achten Sie beim Anordnen darauf, dass Hundepfoten und Menschenfüße genügend Raum zwischen den Stangen haben.
Hund und Mensch steigen nun langsam über das Stangengewirr. Führen Sie den Hund zunächst aus unterschiedlichen Richtungen in einer mehr oder weniger geraden Linie darüber. Später können Sie im Stangengewirr wenden und den Hund mehrfach darin herumführen.

Hoch – tief: Beginnen Sie mit Erhöhungen von wenigen Zentimetern. Probieren Sie aus, welche Höhe Ihr Hund problemlos bewältigen kann, d.h. er hebt die Pfote über die Stange ohne anzustoßen. Beginnt er zu springen, ist es meist zu hoch. Wenn sich der Hund dabei geschickt zeigt, können Sie ein oder zwei Stangen immer höher legen. Der Hund muss nun seine Pfoten deutlich kräftiger hochnehmen, das erfordert eine gute Balance und stärkt die Bauch- und Rückenmuskulatur. Bei zunehmender Stangenhöhe verkürzt sich die Schrittlänge und somit verkürzen sich auch die Stangenabstände.
Eine weitere Möglichkeit ist eine Reihe von schräg ansteigenden Stangen: das linke Stangenende liegt jeweils auf der Erde, das rechte leicht erhöht. Dadurch können die Stangen auf dem Hinweg im niedrigeren Bereich und auf dem Rückweg im höheren Bereich überstiegen werden.

Die Stangen werden abwechselnd hoch – tief gelegt. Der Hund kann mittig darüber geführt werden oder so, dass er bei jedem Steigen unterschiedliche Höhen überwinden muss.

Stern: Die einfache Variante sind vier lange Stangen, die Sie jeweils im 90-Grad-Winkel um einen Mittelpunkt legen. Der Hund hat hier noch ausreichend Platz zwischen den Stangen, vor allem, wenn Sie ihn über das äußere Ende lenken.

Um Konzentration und sehr präzises Pfoten-Setzen noch weiter zu steigern, legen Sie jeweils eine weitere Stange in jedes Viertel. Wir empfehlen, sich langsam von außen nach innen zu tasten, damit der Hund sich schrittweise orientieren kann.

Die Kreisbewegung darf nicht zur einseitigen Belastung führen. Wechseln Sie deshalb immer wieder die Richtung, so dass der Hund jede Körperhälfte gleich stark belastet.

Reifen aller Art

Vielleich haben Sie daheim mehrere Hula-Hoop-Reifen oder alte Fahrrad-, Motorrad- bzw. Autoreifen ohne Felgen. Autoreifen müssen einen ausreichenden Durchmesser aufweisen, damit der Hund genügend Platz für seine Pfoten findet.

Darübersteigen: Legen Sie einen niedrigen Reifen flach auf den Boden. Für kleine oder sehr unsichere Vierbeiner formen Sie zunächst einen Kreis aus einem etwas dickeren Seil.

Der Hund soll nun – im Idealfall – in flüssigem Bewegungsablauf Pfote für Pfote in den Reifen treten und ihn Tritt für Tritt durchschreiten, ohne stehen zu bleiben.

Gelingt das Darübersteigen beim niedrigen Reifen, wählen Sie ein etwas höheres »Model«. Der Reifen sollte aber nur so hoch sein, dass der Hund nicht springen muss.

Es gehören Geschicklichkeit, Konzentration und Koordination dazu, alle vier Pfoten so zu heben, dass keine Pfote am Reifen anstößt.

Vielleicht ist Ihr Vierbeiner hierbei ein Naturtalent und bewältigt die Aufgabe fast auf Anhieb. Wenn nicht, dann lassen Sie sich nicht irritieren, die meisten brauchen einige Versuche. Sie springen anfangs eher über den Reifen, durchqueren ihn nur mit zwei Beinen oder versuchen, ihn zu umgehen. Kalkulieren Sie diese Bewegungen ein und lassen Sie dem angeleint geführten Vierbeiner genügend Freiraum.

Durch den Reifen: Halten Sie einen Hula-Hoop-Reifen senkrecht auf dem Boden aufliegend. Am besten geschieht dies anfangs durch eine Hilfsperson, so haben Sie beide Hände frei, um den Hund Schritt für Schritt durch den Reifen zu locken.
Hat der Hund begriffen, dass er durch den Reifen gehen soll, übernehmen Sie den Reifen. Halten Sie diesen mit der rechten Hand, wenn sich der Hund rechts von Ihnen befindet, so können Sie ihm mit Ihrer linken Hand gut den Weg durch den Reifen zeigen.
Steigt der Hund zuverlässig durch den Reifen, dürfen Sie diesen Stück für Stück ein wenig höher halten. Der Hund sollte aber immer steigen und nicht springen.

Sie benötigen kein spektakuläres Gelände. Ein leicht unebenes Terrain oder ein lichter Wald mit kleinen Hindernissen reichen aus, um bewusstes Gehen und Steigen zu üben.

Führen Sie den Hund über Wurzeln oder kreuz und quer liegende Äste. Lassen Sie ihm genügend Leinenlänge und Zeit, damit er sich seinen Weg mit Bedacht suchen kann.

Noch anspruchsvoller wird es, wenn Sie eine »Serie« daraus bauen. Nun muss der Hund nicht nur den Bewegungsablauf mehrfach wiederholen, sondern sich auch auf die Wegführung konzentrieren.

Möglichkeit 1: Drehen Sie den Reifen, sobald das erste Durchsteigen beendet ist, in der Hand um 90 Grad (ähnlich wie beim Globus) und lassen Sie Ihren Vierbeiner erneut – jetzt in neuer Richtung – durchgehen. Zeigen Sie dabei Ihrem Hund mit der freien Hand, welchen Weg er gehen soll. Am Ende kann Ihr Hund flüssig immer wieder in neuen Richtungen durch den Reifen (dessen Höhe variabel sein kann) steigen. Die Herausforderung liegt darin, sich nach dem Durchgehen zügig umzuorientieren, welcher Weg von Ihnen gezeigt wird und sich sogleich wieder auf gründliches Bewältigen der Aufgabe zu konzentrieren.

Möglichkeit 2: Mal senkrecht, mal waagerecht. Halten Sie den Reifen zunächst senkrecht, nach dem Durchsteigen drehen Sie ihn um 90 Grad, nun aber so, dass er waagerecht auf dem Boden aufliegt. Lassen Sie den Hund darübersteigen und halten Sie den Reifen für den nächsten Durchgang wieder senkrecht. Wenn Ihr Hund sehr geschickt und der Reifen nicht zu schwer ist, dann halten Sie den waagerechten Reifen wenige Zentimeter vom Boden entfernt.

Im stadtnahen Umfeld ergeben sich Übungsmöglichkeiten, an die man zunächst nicht denkt.

Die dicken Wurzeln der Parkbäume sind hervorragende Naturhindernisse.

Anregungen für unterwegs

Beim Spaziergang finden sich erstaunlich viele kleine Hindernisse (wenn man einmal bewusst danach Ausschau hält), an denen sich das Übersteigen prima üben lässt. Sie werden feststellen, dass es sehr spannend, aber auch entspannend sein kann, wenn Sie diese gemeinsam bewältigen: hier Hundepfoten und Menschenfüße sehr bewusst platzieren, um sicheren Halt zu finden, dort die Beine deutlich anheben müssen, um einen quer liegenden Ast oder eine Stufe zu übersteigen. Über mehrere Wurzeln oder Äste hintereinander zu steigen und dabei fast ausschließlich auf die Bewegung zu achten, hat schon fast etwas Meditatives.

Je nach Gelände kann der Hund dabei ohne Leine gehen. Wenn er allerdings dazu neigt, unkonzentriert vorzupreschen oder über Hindernisse zu springen, führen Sie ihn besser angeleint.

Klettern: Beim Klettern geht es ebenfalls darum, Pfote für Pfote ein Hindernis zu meistern. Versuchen Sie insbesondere das Hinunterklettern so zu üben, dass sich Ihr Hund jederzeit auf Ihr Kommando stoppen lässt. So vermeiden Sie, dass er kopflos hinunterprescht. Klettern über kleine Erhöhungen ist für manchen Hund eine gute Vorübung zum Treppensteigen. Es kann zudem gut mit statischen Übungen (der Hund verharrt z.B. auf dem Stein) kombiniert werden.

An einem ungefährlichen Hindernis darf der Welpe seine Kletterkünste erproben.

Treppen steigen

Flache Stufen eignen sich im Prinzip gut, um Konzentration, Beweglichkeit und Koordination zu trainieren. Häufig kommen die Teams jedoch zur Bodenarbeit, weil der Hund mit dem Treppengehen selbst ein mehr oder weniger großes Problem hat.

Zudem besteht Unsicherheit, ob, wie häufig und ab welchem Alter ein Hund Treppen steigen kann und soll. Darüber gibt es viele Meinungen und nur wenig wissenschaftliche Untersuchungen. Übereinstimmung besteht darin, dass die meisten Hunde irgendwann in der Lage sein

Klettern gelingt meist ohne Leine besser. Falls der Hund stabilisiert oder gebremst werden soll, verwenden Sie zur Leine möglichst ein Brustgeschirr. Achten Sie auf ausreichend Bewegungsspielraum.

sollten, Treppen ohne Stress zu begehen. Dazu müssen sie Gelegenheit haben, den Bewegungsablauf zu erlernen. Übertreibungen und ständiges Treppab-Gehen allerdings kann mehr Schaden anrichten als Nutzen.
Wir möchten Treppen weder pauschal verteufeln noch als völlig unbedenklich abtun. Sie gehören für die meisten Hunde mit zum Leben, weshalb es einen vernünftigen Umgang damit braucht. Oft hilft eine differenzierte Sichtweise:

- Den Bewegungsablauf erlernt der Hund idealerweise bereits als Welpe oder Junghund. Eine Verbesserung ist in jedem Lebensalter möglich.
- Geht es treppauf oder treppab?
  Sorgfältig dosiertes Steigen treppauf kräftigt die Muskulatur, schult die Beweglichkeit und kann daher – in Maßen - auch ein gutes Training sein.
  Bewegungen treppab belasten verstärkt die Vorderhand des Hundes mit all ihren Gelenken. Durch den Einsatz flacher Stufen kann die Belastung vermindert werden. Dies gilt insbesondere für Hunde mit anatomischen Besonderheiten (sehr kurze Beinchen, langer Rücken, Minihunde oder Hunde mit rassetypisch sensibler Wirbelsäule, z. B. sehr überbaut). Je kleiner der Hund ist, umso mehr hüpft er und fällt sozusagen mit jeder Stufe auf die Vorderbeine.
- Bezüglich der Häufigkeit muss je nach Alter, Hundetyp und Treppenbeschaffenheit mit Augenmaß vorgegangen werden, besonders in der sensiblen Phase des Knochen- und Muskelwachstums.

Knochenwachstum

Der größte Wachstumsschub findet in der Regel zwischen dem vierten und siebten Lebensmonat statt.
Mit dem Einsetzen der Geschlechtsreife endet auch das Längenwachstum des Knochens. Im Knochen selbst finden dann noch weitere Umbauprozesse (Dickenwachstum) statt. Weil verschiedene Faktoren wie Bewegung, Ernährung und Hormone das Wachstum mitbestimmen, kann es keine exakte Altersangabe für das Wachstumsende geben. Bei kleinen Hunderassen ist das Längenwachstum oft bereits mit neun bis 12 Monaten abgeschlossen. Bei großen dauert es deutlich länger, sie sind häufig erst mit 18 bis 24 Monaten ausgewachsen. Die körperliche Entwicklung ist danach aber noch nicht abgeschlossen.
Nach Abschluss des Knochenwachstums ist die größte Gefahr für Knochen und Gelenke gebannt.

Bewegungsablauf lernen – verschiedene Möglichkeiten

Wenn der Bewegungsablauf für das Treppensteigen mit Schwierigkeiten verbunden ist, empfehlen wir vorbereitende bzw. begleitende Übungen, die dem Hund Trittsicherheit, Balance und Koordination vermitteln (Bodenunebenheiten ausgleichen und Steigen über kleinste Hindernisse).

Und so können Sie mit Ihrem Vierbeiner das Begehen von Treppen üben:

Gelegenheit bieten für den Welpen: Der junge Hund kann – in dem Maße wie sich seine körperlichen Fähigkeiten und sein Aktionsradius erweitern – durchaus flache, rutschfeste Stufen zur Verfügung haben, an denen er das Hinauf- und Herunterklettern üben kann. Reagieren Sie nicht zu ängstlich oder gar panisch, wenn Ihr Kleiner eine für ihn geeignete Stufe erklimmt. Nicht selten liegt die Angst vor Treppen auch mit daran, dass ein Welpe kaum Gelegenheit hatte, diesen Bewegungsablauf zu üben oder mit ängstlichen Rufen und raschem Wegnehmen daran gehindert wurde.

Wenn der junge Hund ab und an zwei oder drei Stufen unter Anleitung treppauf gehen kann, sorgt dies dafür, das Bewegungsmuster zu erlernen und zu erhalten.
Treppen gehen, im Sinne von mehreren Stufen hintereinander bewältigen, sollte in der Wachstumsphase nicht ständig stattfinden. Abwärts-Sprünge über Stufen bergen die Gefahr des Abrutschens und stellen vor allem in der Zeit des Hauptwachstums eine Belastung für die vorderen Gliedmaßen dar, weil sie die Hauptlast des Sprungs abfangen müssen.

Beiläufige Gelegenheit für den älteren Hund: Manche Hundepersönlichkeiten scheuen dann vor Treppenstufen zurück, wenn Sie bemerken,

Eine gute Vorbereitung für ängstliche oder unerfahrene Hunde: Führen Sie den Vierbeiner über sehr flache Stufen oder eine Mini-Treppe aus unterschiedlich großen, stabilen Paletten.

dass besonderes Aufhebens darum gemacht wird. Der Besitzer lockt und säuselt und der Hund wird immer skeptischer.
Suchen Sie sich unterwegs zunächst eine gut begehbare, flache Stufe und gehen Sie wie selbstverständlich mit dem angeleinten Vierbeiner darauf zu und darüber. Wenn dies kein Problem mehr ist, erhöhen Sie nach und nach die Stufenzahl.

Treppauf-Gehen: Für erste Treppenerfahrungen wählen Sie eine gerade verlaufende Treppe mit geschlossenen, rutschfesten Stufen. Ideal sind drei bis vier Stufen, damit der Hund einmal den gesamten Bewegungsverlauf durchmachen kann, aber keine – für ihn vielleicht – beängstigende oder endlose Treppenflucht vor sich hat.
Legen Sie ein Leckerchen oder das Spielzeug oben auf die Treppe, so dass es der Hund interessiert bemerkt, aber nicht zu aufgeregt wird. Sonst will er zwar das Leckerchen erreichen, kann sich aber nicht mehr genügend auf seine Bewegungen konzentrieren. Ermuntern Sie ihn eventuell mit einem weiteren Leckerchen, die Treppen zu betreten. Lassen Sie ihm Zeit, seine Beine zu sortieren – manche Hunde müssen hier regelrecht nachdenken – und loben Sie ihn für jede bewältigte Stufe.
Einigen Hunden hilft ein Artgenosse, der gelassen voranschreitet. Wichtig ist, dass der Hund nicht ins Rutschen kommt, sonst bewahrheiten sich seine Befürchtungen vor der Treppe und er wird sie erst recht meiden.

Die letzten 3 Stufen: Bei dieser Variante wird der Hund ein Stück weit die Treppe hinaufgetragen und erst zwei bis drei Stufen vor Treppenende auf die Stufen gesetzt. Diese

Zu Trainingszwecken muss es nicht gleich eine lange oder steile Treppe sein. Für manchen Hund ist es bereits eine große Leistung, wenn er zwei oder drei für ihn gut begehbare Stufen erfolgreich hinauf und hinunter meistern kann. Wie so häufig lohnt es sich, auch hier Zeit zu investieren und mit kleinen Erfolgen zufrieden zu sein.

Unterstützung macht nur dann Sinn, wenn Sie Ihren Hund auch tragen und behutsam absetzen können. Viele Hunde sind durch das Tragen an sich schon etwas unruhig, dann werden sie auf die ungeliebten Stufen gesetzt – da ist die Gefahr groß, dass sie entweder fast erstarren oder versuchen, schnellstmöglich, aber leider ungeschickt, die letzten Stufen irgendwie hinter sich zu bringen. Setzen Sie den Hund so ruhig wie möglich ab, halten Sie ihn noch kurz fest, bis er stabil und sicher auf seinen Beinen steht. Erst dann ermuntern Sie ihn, selbst die letzten Stufen in Angriff zu nehmen.

Mit körperlicher Unterstützung: Manche Hunde wollen ja gerne Treppen hochgehen, wissen aber nicht wirklich, wie sie das bewerkstelligen sollen. Häufig versuchen sie, die Stufen zu erklimmen, indem sie zwar die Vorderläufe um eine oder zwei Stufen höher setzen, aber die Hinterläufe nicht nachziehen. Der Hunderücken wird lang und länger, manche Hunde erstarren dann regelrecht in dieser Haltung und finden von sich aus keinen Weg.

Notfalls brechen Sie erst einmal ab, gehen ein paar Schritte und probieren es dann erneut.

Nun können Sie Ihren Hund auch körperlich unterstützen. Dazu müssen Sie sehr ruhig, sensibel, aber dennoch gezielt vorgehen. Am besten haben Sie eine Hilfsperson zur Verfügung. In der einfachen Variante führt und ermuntert eine Person den Hund vorne. Die zweite Person geht dicht hinter dem Vierbeiner und stützt ihn leicht mit den Beinen, ohne zu schubsen oder zu sehr zu drängen.

Ist dies nicht ausreichend, können Sie intensiver eingreifen: Umfassen Sie mit einer Hand den Unterschenkel des Hundes kurz oberhalb des Fußes und setzen diesen Fuß auf die nächsthöhere Stufe. Oft zieht dann der Hund schon von sich aus den zweiten Hinterlauf nach. Kann er dies nicht, helfen Sie ihm und platzieren auch das zweite Bein. Anschließend ermuntert ihn die Hilfsperson, mit den Vorderbeinen wieder eine Stufe höher zu gehen usw. Bei den meisten Hunden müssen Sie diese Aktion mehrfach wiederholen.

Eine weitere Möglichkeit: Ihr Hund trägt ein gut sitzendes Geschirr, am besten mit Rückensteg oder Griff. Gehen Sie neben ihm und halten Sie ihn am Geschirr. Wichtig: Erliegen Sie nicht der Versuchung, den Hund die Treppe hinaufzuzerren. Er soll lediglich gesichert sein.

Treppab: Auch hier beginnen Sie idealerweise mit einzelnen Stufen, damit das Hindernis für Ihren Hund überschaubar bleibt.

Bei mehreren Stufen können Sie die Übung zerlegen, in dem Sie eine Stufe mit dem Hund hinuntergehen und ihn dann anhalten oder bei genügend Stufentiefe sitzen lassen. Loben Sie ihn deutlich, aber nicht zu überschwänglich dafür. Auf der Treppe soll keine Party entstehen. Wenn Ihr Hund bereit ist, machen Sie sich gemeinsam an die nächste Stufe. So arbeiten Sie sich zusammen die Treppe hinab.

Hat Ihr Vierbeiner die Tendenz, die Treppe eher hinunterzueilen, stellen Sie sich ein bis zwei Stufen weiter unten vor den Hund, um ihn abzubremsen. Notfalls kann er auch hier am Geschirr gesichert und Pfote für Pfote heruntergelockt werden.

Unterschiedliche Treppen: Wenn Ihr Hund einfache Treppen gut begeht, dürfen Sie sich an schwierigere heranwagen, eventuell beginnen Sie hier wieder mit nur einer Stufe.

Hier ist meist nicht mehr der Bewegungsablauf das Problem, sondern das Ungewohnte. Das kann die Beschaffenheit sein (glatte Stufen, Gitterstufen, offene Trittstufen), die Treppenform (gewendelt, steil, eng, offenes Geländer usw.) oder Treppen, die in Dunkelheit führen (z.B. Kellertreppen). Bei Bedarf muss der Hund zunächst mit der Oberflächenbeschaffenheit vertraut werden, in dem er diese Materialien auf der Ebene begeht, ehe er sie an Treppen meistern kann.

Bringen Sie Ruhe ins Geschehen: anhalten und quer zur Treppe

Manche Hunde neigen dazu, Treppenstufen schnell hinter sich zu bringen, rutschen dann erst recht aus und sehen sich in ihrer Meinung bestätigt, dass Treppen »gefährlich« sind. Bei

Wichtig

Schwierigkeiten beim Treppensteigen können auch gesundheitliche Gründe haben: Schmerzen, Probleme am Bewegungsapparat, auch schlechtes Sehen kann bei bestimmten Lichtverhältnissen zu Unsicherheit oder Verweigerung führen. Verstärktes Treppengehen zu Übungszwecken führen Sie bitte nur mit dem gesunden und normal belastbaren Hund durch.

vielen führen bereits Gewöhnung und ein Schritt-für-Schritt-Training zum Erfolg. Durch weitere Übungen können Sie das ruhige Begehen von Treppen zusätzlich fördern.

Stehen bleiben: Beginnen Sie mit möglichst flachen Stufen und treppauf. Führen Sie den Hund über ein oder zwei Stufen und lassen ihn dann anhalten. Bei ausreichender Stufentiefe kann der Hund mit allen vier Beinen auf der gleichen Ebene stehen oder sich hinsetzen.
Bei weniger tiefen Stufen steht er zwei und zwei, d.h. beide Vorderbeine befinden sich auf einer Stufe, beide Hinterbeine auf einer anderen. Dabei soll der Hund möglichst ausbalanciert alle vier Beine gleichmäßig belasten. Loben Sie Ihren Hund, wenn er hier ruhig stehen bleiben kann. Werden die Stufen etwas steiler und der Hund zunehmend geschickter, ist es auch möglich, ihn zum ruhigen, ausbalancierten Stehen anzuleiten, obwohl er mit jedem seiner Beine auf einer anderen Stufe steht.

Quer zu den Stufen: Gut geeignet dafür sind sehr breite Treppen mit tiefen Stufen, wie sie häufig vor Kirchen oder öffentlichen Gebäuden zu finden sind.
Gehen Sie möglichst am Rand der Treppe zunächst ein oder zwei Stufen treppauf oder treppab. Anschließend führen Sie den Hund eine der Stufen entlang, danach nehmen Sie die nächste Stufe in Angriff. Nach ein- bis zweimaligem Queren, steigen Sie ganz normal die Stufen weiter hinauf oder hinab. Dadurch bleibt das Treppentraining für Ihren Vierbeiner interessant. Er wird eher darauf warten, was es auf der Treppe unterwegs zu tun gibt, anstatt nur darauf zu lauern, im Eiltempo nach unten oder hinaufzuschießen.

Eher zögerlichen Treppen-Gehern kann die Unterbrechung durch das Entlanggehen der Stufen mehr Sicherheit geben. Der aufgeregt eilende Vierbeiner wird dadurch etwas ausgebremst und zur Konzentration angehalten.

6. Vorwärts – Rückwärts – Seitwärts

Neben dem Zugewinn an Geschicklichkeit geht es bei diesen Übungen in erster Linie um die Zusammenarbeit von Hund und Mensch. Das messbare Ergebnis ist eher zweitrangig. Das Ziel ist nicht, dass der Vierbeiner nun rückwärts eine Rampe hochgeht, sondern

- Ihr Hund so viel Vertrauen zu Ihnen und der Situation hat, um sich auch auf unbekannte Bewegungsabläufe einzulassen.
- Sie ihm die Aufgaben mit viel Ruhe und ohne Leistungsdruck vermitteln können.
- Sie in kleinen Schritten gemeinsam ausprobieren, was möglich ist.
- Der Hund die Übung – auch wenn sie noch so reduziert ist – gut und konzentriert ausführen kann und Sie beide Freude daran haben.

Wissenswertes: Bewegung ist weit mehr als nur ein Bein vor das andere

Bewegungen dienen nicht nur dazu, den Hund von A nach B zu bringen oder eine bestimmte Aufgabe motorisch gut zu erfüllen, sie bewirken noch viel mehr.

Bewegungen helfen dabei, das Gehirn zu trainieren. Zum einen wird das Gehirn bei körperlicher Aktivität stärker durchblutet und dadurch mit mehr Sauerstoff und Energie versorgt. Zum anderen wird es durch äußere Reize und verschiedene, nicht alltägliche Bewegungen angeregt, neue Verbindungen zu bilden und die einzelnen Regionen besser miteinander zu verknüpfen. Schon das Beschäftigen mit einer unbekannten Aufgabe zwingt das Gehirn dazu, neue Vernetzungen aufzubauen oder bereits vorhandene zu verstärken. Je komplexer die Anforderungen an den Bewegungsapparat sind, desto größer muss die geistige Flexibilität sein, um diese Herausforderung zu meistern.

Und, was nicht unterschätzt werden darf: Das Gefühl, etwas geleistet zu haben – körperlich oder/und mental – kann sich sehr positiv auf die Psyche auswirken. Hund und Mensch scheuen sich manchmal davor, etwas Neues oder eine kleine Herausforderung anzugehen, vor allem dann, wenn dies aus ihrer Sicht nicht zwingend notwendig ist. Natürlich kann der Hund zufrieden leben, ohne rückwärtszugehen, ohne Balance-Training und ohne über Stangen zu steigen. Aber: Auch Hunde scheinen das kleine Glücksgefühl zu kennen, das sich einstellt, wenn man eine Herausforderung gemeistert hat. Dieses gute Gefühl verstärkt sich noch, wenn Sie Ihrem Hund erkennbar zeigen, dass Sie begeistert sind von dieser Leistung und ihn dafür bewundern.

Basis-Übungen

Rückwärts- und Seitwärtsgehen erfordern ein gutes Körperbewusstsein. Der Hund muss seine Beinbewegungen bewusst steuern, bei dem vielleicht ungewohnten Bewegungsablauf die Balance halten und einen Rhythmus entwickeln.

Rückwärtsgehen

Die meisten Hunde können rückwärtsgehen. Bewusst geübt wird es jedoch nur mit den wenigsten. Der Hund macht es eher von sich aus, wenn er sich beispielsweise in eine etwas ungeschickte Lage gebracht hat, in der er vorwärts nicht weiterkommt, aber auch nicht wenden kann.
Aufbau: Um Ihrem Hund das Rückwärtsgehen beizubringen, gibt es verschiedene Möglichkeiten.

1. Sie können natürlich einfach einen Schritt auf Ihren Hund zugehen und ihn loben, wenn er sich daraufhin einen Schritt nach hinten bewegt. Aus dieser kleinen Rückwärtsbewegung entwickeln Sie dann immer mehr Schritte rückwärts, die Sie jeweils belohnen. Ein häufiges Problem dabei ist, dass viele Hunde beim Schritt auf sie zu vom Steh ins Sitz wechseln oder zur Seite hin ausweichen. Um es dem Hund leichter zu machen, nehmen Sie Ihren Oberkörper leicht nach hinten, wenn Sie sich auf ihn zu bewegen.

2. Bleiben Sie ruhig dicht vor dem Hund stehen und warten Sie ab, bis er von sich aus eine kleine Bewegung nach hinten macht. Loben Sie ihn dafür. Dieses »freie Formen« braucht Zeit und

Achten Sie auf eine entspannte Körperhaltung, wenn Sie vor Ihrem Hund stehen, und Handzeichen, die Ihr Hund gut von denen für andere Übungen (z.B. Sitz) unterscheiden kann.

Loben Sie den Hund anfangs für jede Rückwärtsbewegung. Später zögern Sie das Lob etwas hinaus und warten darauf, dass er einen weiteren Schritt macht.

Geduld. Berücksichtigen Sie, dass manche Hundepersönlichkeiten die gewünschte Bewegung nie von sich aus anbieten.
Hier könnten Sie etwas nachhelfen: Stellen Sie sich vor oder seitlich neben den Hund. Halten Sie eine Hand (mit Leckerchen) ein wenig unterhalb des Hundekopfes mit einer kleinen Bewegung Richtung Hundebrust, so dass der Hund fast automatisch eine Rückwärtsbewegung machen muss, um ans Leckerchen zu gelangen.

3. Bei sehr unsicheren Vierbeinern können Sie auch Folgendes versuchen: Stellen Sie sich dem Hund gegenüber auf und legen Sie ein Leckerchen zwischen Ihre etwas auseinanderstehenden Beine, das sich der Hund nehmen darf.

Hat er verstanden, dass es um die Rückwärtsbewegung geht, fügen Sie das dafür vorgesehene Signal hinzu, in dem Moment, in welchem der Hund sich zurückbewegt.

Im Anschluss daran wird er vermutlich einen Schritt zurücktreten, um Sie anzuschauen und nach einem weiteren Leckerchen »fragen«. Belohnen Sie das Zurücktreten und legen Sie erneut ein Leckerchen zwischen Ihre Beine, dieses Mal eventuell bereits ein wenig hinter sich. Der Hund muss nun mehrere Schritte vorwärtsgehen und diese dann auch wieder zurück. Dieses Vorgehen eignet sich natürlich nur für Hunde bis zu einer gewissen Größe.

Manchen Hunden fällt die Übung anfänglich leichter, wenn sie eine seitliche Begrenzung haben, z. B. durch eine Hauswand oder einen Zaun. Sollte Ihr Hund mit der Hinterhand beim Rückwärtsgehen zur offenen Seite ausweichen, dann können Sie auch hier für eine Begrenzung sorgen. Hierfür legen Sie eine Bierbank oder einen Campingtisch auf den Boden, so dass die Sitzfläche parallel zum Zaun verläuft. Gehen Sie mit dem Hund vorwärts in die Gasse und beginnen dann mit der Rückwärtsübung.

Hat Ihr Hund das Prinzip des Rückwärtsgehens entlang einer Begrenzung verstanden, versuchen Sie es ohne Begrenzung und auf unterschiedlichen Untergründen, die dann auch mal leicht uneben sein dürfen. Anregungen, wie Sie die Anforderungen beim Rückwärtsgehen weiter steigern können, finden Sie bei den nachfolgenden Übungen.

Seitwärtsgehen

Seitwärtsschritte werden im Alltag nicht wirklich benötigt und die wenigsten Hunde bieten sie von sich aus an. Auch motorisch geschickte Hunde brauchen einige Zeit, bis es ihnen gelingt, die Beine bewusst auf diese Art und Weise zu setzen.

Wenn Sie möchten, dass Ihr Hund sich seitwärts bewegt, während Sie ihm frontal gegenüberstehen, können Sie wie folgt vorgehen: Drehen Sie sich während seiner Seitwärtsbewegung zu ihm hin, anfangs reicht eine Vierteldrehung, bis Sie nach weiteren Übungsschritten ihm gegenüberstehen.

Aufbau: Ihr Hund steht rechts oder links neben Ihnen. Machen Sie einen kleinen Schritt zur Seite von Ihrem Hund weg und geben Sie zeitgleich eine Aufforderung zum Nachrücken, damit er wieder seitlich neben Sie kommt. Belohnen Sie auch kleinste Versuche Ihres Vierbeiners, an Ihrer Seite zu bleiben. Wiederholen Sie die Übung, bis er Ihre Idee verstanden hat und immer wieder aufrückt. Im nächsten Übungsschritt machen Sie nach Ihrem Seitwärtsschritt nur eine kleine Pause, warten, bis der Hund nachgerückt ist, und schließen dann einen nächsten Schritt zur Seite an.

Verwenden Sie weiterhin das gewohnte Stimm- und Handzeichen und loben Sie den Hund, wenn er die Seitwärtsbewegung fortführt, auch wenn sich Ihr Standort etwas verändert.

Verkürzen Sie dann die Pausen zwischen Ihren Seitwärtsschritten immer mehr und ermutigen Sie Ihren Hund, flüssig zu folgen. Hat Ihr Hund den Ablauf verstanden, können Sie die Seitwärtsbewegung mit einem neuen Kommando verknüpfen, z. B. »SIDE«, und durch ein Handzeichen unterstützen.

Erst wenn der Seitengang in die eine Richtung sicher durchgeführt wird, beginnen Sie den Aufbau zur anderen Seite. Für Ihren Hund ist die Bewegung zur anderen Seite eine ganz neue Übung. Es bedarf deshalb desselben Aufwandes, bis er die Bewegung in die andere Richtung richtig durchführen kann.

Konzentriert auf Baumstamm oder Mäuerchen

Eine fast allen Hunden vertraute Übung ist das Entlanggehen auf Mäuerchen oder Baumstämmen. Bei der Bodenarbeit soll der Hund nun aber weder darauf noch darüber springen, sondern sich sehr konzentriert bewegen. Diese Übung trainiert den Gleichgewichtssinn, fördert die Geschicklichkeit und stärkt die stabilisierende Muskulatur.

Je nach Geschicklichkeit und Mut Ihres Vierbeiners können Sie ihn gleich auf einem Baumstamm mit griffiger Rinde oder einer Mauer entlang balancieren lassen. Bei anderen arbeiten Sie mit Zwischenschritten:

Beginnen Sie mit einem möglichst breiten Gegenstand, beispielsweise einem Brett, das Sie zunächst flach auf den Boden legen. Der Hund steigt in Ruhe Pfote für Pfote darauf, geht einige Schritte darauf entlang und steigt

Es erscheint so einfach ... Für die unsichere Hündin ist es ein großer Vertrauensbeweis, dass sie ihrer Halterin folgt und sich vorsichtig auf der Mauer vorwärts tastet. Geduld und ein ruhiges Umfeld erleichtern dem Hund die Aufgabe und ermöglichen kleine Erfolgserlebnisse.

genauso ruhig wieder ab. Danach wird das Brett nur wenige Zentimeter über dem Boden stabil auf zwei Backsteinen gelagert.
Gelingt dieser Übungsschritt, verändern Sie die Anforderungen, in dem Sie wechselweise die Höhe steigern, die Auflage ein wenig schmaler wählen oder die zu gehende Strecke verlängern. Üben Sie dies jeweils an unterschiedlichen Objekten, so dass der Hund dabei auch mit verschiedenen Untergründen zurechtkommen muss.
Lassen Sie den Hund nie ohne Signal auf Mauern steigen und überprüfen Sie bitte immer, was sich auf der anderen Seite der Mauer befindet!

Ein Baumstamm eignet sich hervorragend, um Gleichgewicht und Geschicklichkeit zu trainieren. Der Hund kann darauf entlanggehen, anhalten oder sitzen. Auch rückwärtsgehen ist möglich, wenn er damit vertraut und die Auflage ausreichend breit ist.

Pfote für Pfote

»Schnell« können die meisten Vierbeiner. Die folgenden Übungen fördern langsames Gehen in unterschiedliche Richtungen, vor allem aber Konzentration und Koordination.
Geben Sie Ihrem Hund viel Zeit dafür, die Aufgabe zu begreifen. Loben Sie ihn schon nach dem ersten richtigen Schritt und lassen Sie ihn zwischendurch anhalten. Viele Hunde werden unsicher und hektisch, wenn wir zu schnell zu viel von ihnen erwarten.

Langsam über einem Hindernis entlang

Der Vierbeiner geht in Längsrichtung über einem Hindernis entlang.
Zubehör: Weiche Gegenstände, z.B. Schwimmnudel, Papprolle oder eine zusammengerollte Decke. Mit harten Hindernissen, wie Stangen, arbeiten wir erst, wenn der Hund langsam und bewusst geht und gelernt hat, seine Beine sicher zu setzen.
Aufbau: Vorwärtsgehen. Das Hindernis liegt zwischen rechtem und linkem Beinpaar. Den meisten Hunden ist der Gegenstand unter ihnen ein wenig suspekt und sie können sich nicht sogleich auf die geforderte Bewegung konzentrieren.
Legen Sie die Schwimmnudel, nachdem der Hund sie beschnuppern durfte, in Längsrichtung unter ihn. Im ersten Schritt liegt das Hindernis so, dass der Vierbeiner nur mit Rumpf und Hinterhand darüber steht. Animieren Sie ihn, geradeaus vorwärtszugehen, bis er die Nudel hinter sich gelassen hat.
In den nächsten Schritten legen Sie die Nudel immer etwas weiter nach vorne. Sie beginnt unter den Vorderbeinen einige Zentimeter vor dem Hund usw. – bis Sie dann den Vierbeiner auf das Hindernis zu und über ihm entlangführen.

Es ist nicht so wichtig, ob Sie nun den Hund zur Gänze vorwärts/rückwärts an die Schwimmnudel heran und darüber entlangführen können. Wichtig ist, dass er ruhig und bewusst seine Pfoten setzt, auch wenn es nur für einen Teilabschnitt ist.

Aufbau: Rückwärtsgehen wie beim Vorwärtsgehen, aber vermutlich für die meisten Hunde deutlich schwieriger. Der Hund sollte bereits mehrere Schritte problemlos in gerader Linie zurücktreten können, ehe Sie mit einem Hindernis arbeiten.

Legen Sie die Schwimmnudel zu Beginn unter Vorderkörper und Rumpf des Hundes, so dass er nur ein bis zwei Rückwärtsschritte machen muss, um die Schwimmnudel zu bewältigen. Gelingt dies, legen Sie das Hindernis immer weiter nach hinten. Erzwingen Sie nichts. Für viele Hunde ist es bereits eine super Leistung, wenn sie über dem Hindernis stehend rückwärtsgehen können.

Aufbau: Seitwärts gehen. Das Hindernis liegt quer zum Hund zwischen vorderem und hinterem Beinpaar.

Voraussetzung für diese Übung: Der Hund kennt Seitwärtsschritte und kann im Idealfall seitwärtsgehen, während Sie ihm gegenüberstehen. Platzieren Sie die Rolle so unter dem Rumpf des stehenden Hundes, dass er nur einen oder zwei Schritte zur Seite machen muss, um das Hindernis zu verlassen. Wenn ihm diese kurze Strecke gut gelingt, verlängern Sie nach und

Seitwärts über einer Schwimmnudel entlang – eine Übung für fortgeschrittene Hunde und ruhig und strukturiert arbeitende Hundehalter, die eindeutige Signale, kleinste Lernschritte und Achtsamkeit auf das Befinden des Hundes erfordert. Freuen Sie sich über kleine Zeichen des Verstehens und beenden Sie die Aufgabe, ehe der Hund verunsichert ist.

nach die Strecke, auf der er sich seitwärtsbewegen muss. Legen Sie die Rolle so, dass er erst mittig, später am anderen Ende davon steht. Wenn er nach vorne oder hinten über die Rolle tritt, bringen Sie ihn ruhig wieder in die richtige Position und beginnen dann erneut mit dem Seitwärtsgang.

Im Rückwärtsgang darüber oder darauf

Es bedarf sehr viel Vertrauen von Seiten Ihres Hundes, wenn er rückwärts über ein fremdes Hindernis steigen soll. Führen Sie ihn deshalb zunächst vorwärts über den Gegenstand. Hat er das Hindernis bereits begangen und erfühlt, fällt es leichter.

Zubehör: Eine weiche Decke als Hindernis ist hierfür optimal und kann auf die Höhe gefaltet werden, die dem Hund ein Drauftreten oder Drübersteigen noch möglich macht.

Aufbau: Legen Sie dann die Deckenrolle hinter Ihren Hund, so dass er zunächst noch ein oder zwei Schritte auf der Ebene geht, ehe er die Beine höher nehmen muss, um das Hindernis zu überwinden. Animieren Sie ihn zum Rückwärtsgehen und beobachten Sie zunächst einmal, welchen Bewegungsablauf Ihr Hund anbietet. Manche Vierbeiner treten beim Überschreiten mit den Hinterbeinen auf das Hindernis, andere heben die Pfoten so hoch, dass sie darübersteigen.

Beide Varianten sind möglich, es geht nur darum, dass der Hund bedingt durch das Hindernis seine Beine etwas stärker anheben muss. Um das bewusste Anheben des Hinterbeines zu unterstützen, können Sie Ihren Hund verbal unterstützen oder das betreffende Bein leicht antippen (siehe Pfotenheben).

Wenn Sie erkennen, dass Ihr Hund dabei nicht überfordert ist, darf die Aufgabe auch gezielter und schwieriger werden. Legen Sie fest, welchen Bewegungsablauf Sie haben möchten: darauf oder darüber und belohnen Sie die jeweils richtige Ausführung.
Soll der Hund mit den Hinterbeinen auf die Erhöhung steigen und dort kurz verharren, dann legen Sie die Decke etwas breiter aus, damit er mehr Auftrittsfläche erhält. So vermeiden Sie, dass er mit dem bereits darauf stehenden Hinterbein wieder herunter tritt, wenn er das andere nachholt. Manchen Hunden fällt das Verharren mit erhöht stehenden Hinterbeinen leichter, wenn es hinter der Erhöhung nicht mehr weitergeht. Platzieren Sie dazu die Decke, das Podest an einer Wand oder üben Sie an einer sehr flachen Treppenstufe.

Bergauf und bergab

Beobachten Sie doch einmal, wie Ihr Hund im Freilauf unterschiedliche Steigungen bewältigt. Meist ist es ein Vorwärtskommen, das energiesparend ist, und ihm am einfachsten erscheint. Aus physiotherapeutischer Sicht ist es nicht immer optimal: Der Weg, die kleine Böschung hinab und auf der anderen Seite wieder hinauf, wird oft durch einen Sprung abgekürzt. Bergab wird der Hund immer schneller, seine Hinterhand schiebt ihn nach vorne, er muss den Schub und die ganze Last über die Vorhand abfangen.

Auch bergauf liegt bei einigen Hunden die meiste Arbeit auf der Vorhand, sie ziehen sich fast hinauf. Oder sie versuchen, die Steigung im Sprint zu bewältigen, in dem sie den Vorwärtsschwung aus der Ebene mitnehmen.
Beim Bergauf- und Bergab-Training nehmen Sie den Hund am besten an die Leine, damit Sie Tempo und Laufrichtung steuern können. Je langsamer sich der Hund bewegt, umso größer ist der Trainingseffekt. Beginnen Sie mit einer moderaten Steigung von nur wenigen Metern – bewusstes Begehen eines Hangs ist anstrengend! Trainingsziel ist es, dass sich der Hund beim Bergaufgehen Schritt für Schritt mit viel Schub aus der Hinterhand bewegt. Und beim Abwärtsgehen in gerader Linie die Balance hält und mit seinen Hinterbeinen gut untertritt.

Wichtig

Beim Hinaufgehen werden Muskeln, Bänder und Sehnen der Hinterhand beansprucht und trainiert, beim Hinabgehen entsprechend die der Vorhand einschließlich des Schultergürtels.
Bevorzugen Sie Übungen, die die Hinterhand stärken. Die Vorhand trägt ohnehin mehr Last und ist dadurch häufig besser trainiert als die Hinterhand oder darf aus gesundheitlichen Gründen nicht überbelastet werden.
Machen Sie Übungen also häufiger bergauf als bergab. Oder wählen Sie im Gelände die steile Wegvariante bergauf und den flacheren Weg bergab.

Auch eine leichte Steigung oder eine kurze Bergstrecke ermöglichen ein gutes Training: Gehen Sie bergauf und bergab oder in weiten Zickzack-Kehren quer zum Hang.

Böschungen: Hier wird das Auf- und Abgehen im Wechsel und auf kurze Distanz geübt. Das erfordert Wendigkeit und Konzentration. Für ungeübte oder sich sehr hektisch bewegende Vierbeiner suchen Sie anfangs nach flach abfallenden Senken mit einer leichten Steigung gegenüber. Hier finden Sie selbst auch sicheren Tritt und können den Hund jederzeit lenken. Mit zunehmender Geschicklichkeit und Ruhe üben Sie dann an steileren Böschungen.
Slalom quer zum Hang: Dabei geht es nicht in erster Linie um die slalomüblichen engen Wendungen, sondern darum, dass der Hund sowohl Wendung als auch das Bergauf und Bergab in einer Übung bewältigen muss. Bewegen Sie sich mit dem Hund in großen Zickzack-Kehren quer zum Hang. In geeignetem Gelände und bei ausreichender Fitness des Hundes können Sie auf einer kurzen Strecke auch hier mit engen Wendungen arbeiten.

Begehen von Schrägen

Bei diesen Übungen werden dieselben Muskelgruppen trainiert und es gelten die gleichen Regeln wie beim Bergauf- und Bergabgehen.

Noch anspruchsvoller wird es, wenn Sie Bergauf- bzw. Bergabgehen mit kleinen »Steige-Übungen« verbinden. Hierzu muss allerdings der Untergrund gut begehbar und trocken sein.

Bis der Hund Pfote für Pfote hinauf und hinunter schreitet, braucht es vermutlich etwas Training. Die meisten Hunde neigen dazu, eine kleine Böschung springend zu überwinden.

Die Rampe ist einerseits einfacher, weil der Neigungswinkel individuell auf den Hund abgestimmt werden kann und Sie gut nebenhergehen und Hilfestellung geben können. Andererseits sorgt die gleichmäßige Steigung für intensives Training und die mehr oder weniger geringe Breite erfordert ruhige und bewusst ausgeführte Bewegungen. Für manche Hunde besteht im »Abgrund« rechts und links der Rampe eine zusätzliche mentale Herausforderung.

Zubehör: Gute Trainingsmöglichkeiten bieten die Rollstuhlrampen vor großen Gebäuden, Bahnhöfen etc. Sie sind meist gut zu begehen und weisen einen geringen Steigungswinkel auf. Manchmal finden sich auch Rampen aus Metall (Achtung, im Sommer sehr warm) oder aus Rundhölzern o. Ä. Als Trainingsgerät verwenden wir zunächst ein breites Brett, welches eventuell mit griffigem Teppichboden beklebt wird, oder die käuflichen stabilen Hunderampen fürs Auto. Hier lassen sich Steigungsgrad und die zu begehende Strecke gut den Möglichkeiten des Hundes anpassen. Damit sich der Hund auf der Rampe sicher fühlt, muss diese stabil gelagert sein.

Aufbau: Legen Sie das Trainingsgerät zunächst flach auf den Boden. Der Hund darf es in Augenschein nehmen, danach führen Sie ihn mehrmals darauf entlang. Meistert der Hund dies problemlos, beginnen Sie mit einer geringen Schräge. Lagern Sie dazu eine Seite der Rampe beispielsweise auf einem kleinen Absatz. Im Idealfall gibt es am Rampenende eine kleine

Lassen Sie dem Hund Zeit, sich an den metallenen Untergrund zu gewöhnen und prüfen Sie bei Sonneneinstrahlung, wie heiß der Untergrund schon geworden ist, ehe Sie den Hund darauf schicken.

ebene Fläche, damit der Hund noch einige Schritte weitergehen kann.
Führen Sie nun den Hund Schritt für Schritt die Schräge hinauf, er darf sich auf der Ebene ausruhen, dann führen Sie ihn langsam wieder abwärts. Er sollte keinesfalls die Schräge hinabstürmen. Nach und nach können Sie den Winkel der Schräge weiter vergrößern.

Soll der Hund die Schräge rückwärts hinaufgehen, empfehlen wir zu Beginn einen möglichst flachen und genügend breiten Anstieg. Rechnen Sie damit, dass der Hund seitlich abdriftet, dabei darf er keinesfalls neben die Schräge treten. Hat Ihr Hund bereits gelernt, neben und mit Ihnen rückwärtszugehen? Dann wird es ihm leichter fallen, an Ihrer Seite rückwärts die schräge Ebene zu erklimmen, weil er durch Sie Orientierung und Sicherheit erfährt.

Wendungen auf engem Raum

Die wechselnde seitliche Beugung fördern die Wendigkeit und Beweglichkeit des Hundes, je nach Kurve muss er sich mehr oder weniger stark biegen. Die Wirbelsäule wird dabei in beide Richtungen aufgedehnt. Vielleicht hat Ihr Hund eine »Schokoladen-Seite«, nach der ihm Wendungen besser gelingen und die er bevorzugt. Diese Seite können Sie gerne nützen, um ihn grundsätzlich an Wendungen zu gewöhnen. Danach üben Sie es zur anderen Seite, eventuell zunächst mit einem größeren Radius.

Labyrinth

Zubehör: Legen Sie Stangen, dicke Seile, längliche Blumenkästen oder Kartons so auf den Boden, dass eine Gasse mit mehreren Winkeln entsteht. Die Gassenbreite ergibt sich aus der Größe des Hundes. Je unvertrauter der Hund mit Wendungen ist, desto breiter sollte der Weg sein.
Aufbau: Ihre Aufgabe ist es nun, den Hund durch die Gänge zu führen, ohne dass er über bzw. auf die seitliche Begrenzung tritt. Gehen Sie außen neben der Gasse her und zeigen Sie ihm durch Handbewegungen den Weg. Die Aufmerksamkeit des Hundes darf jedoch nicht ausschließlich auf Ihnen ruhen, sonst findet er seinen Weg nicht. Probieren Sie aus, wie viel Anweisungen Ihr Hund benötigt und halten Sie die Leine immer so lang, dass Ihr Hund nicht gezogen oder in seinen Bewegungen gehindert wird.
Variation Schnecke: Hierbei gehen Sie und Ihr Hund in einer gleichmäßigen Kreisbewegung ohne Gerade dazwischen. Zeichnen Sie mit Straßenkreide einen Kreis, der in zwei bis drei schneckenförmigen Windungen zu einem kleinen Kreismittelpunkt führt. Die Windungen müssen so groß sein, dass Sie und Ihr Hund ihnen problemlos folgen können. Halten Sie den Radius anfangs lieber ein wenig größer, mit zunehmender Geschicklichkeit können die Wendungen enger werden.
Führen Sie dann den Hund auf der vorgezeichneten Linie zum Mittelpunkt, dort wenden Sie und gehen die Strecke wieder nach außen.

Slalom

Der Schwerpunkt liegt auf den Wendungen, nicht auf der Dynamik.
Zubehör: In Haus und Garten verwenden Sie Stühle, Blumenkübel, umgestülpte Eimer oder wassergefüllte Plastikflaschen. Unterwegs eignen sich Baumreihen oder Baumgruppen mit wenig Bewuchs darunter, Straßenpfosten, einzelne frei liegende Steine oder Poller. Natürlich können Sie auch einen Stangenparcours aus Slalomstangen

aus dem Hundesport oder mit Pflanzstäben gestalten.
Wenn Sie mit dem Hund zusammen den Slalom gehen, spielt die Höhe der Gegenstände keine Rolle, Sie brauchen nur ausreichend Raum dazwischen. Soll der Hund den Slalom alleine bewältigen, kann der Abstand zwischen den Gegenständen kleiner ausfallen. Die Höhe muss so bemessen sein, dass der Hund den Gegenstand nicht überlaufen kann und Sie den angeleinten Hund problemlos führen können, ohne ständig an Stangen o. Ä. hängen zu bleiben.
Aufbau – Hindernisgruppe: Beginnen Sie mit zwei oder drei Hindernissen in größerem Abstand zueinander, als Gruppe angeordnet. Führen Sie den Hund im Schritttempo um die Hindernisse herum. Bei Wendungen, in denen der Hund innen geht, muss er sich mehr biegen, auf der Außenseite ist der Radius etwas größer und deshalb für manchen Hund zunächst einfacher.
Variationen:

- Verringern Sie den Abstand der Hindernisse zueinander
- Verwenden Sie mehrere Hindernisse und platzieren Sie diese in unregelmäßigem Abstand, so dass auf eine enge Wendung eine längere Gerade folgt, danach wieder mehrere Wendungen hintereinander
- Gehen Sie in Form einer Acht mehrmals um zwei Hindernisse, zunächst mit großem Abstand, dann enger werdend

Aufbau – Slalomreihe: Beginnen Sie mit einem großzügigen Abstand der Stangen. Manche Hunde empfinden es als unangenehm, wenn sie beim Durchgehen die Hindernisse berühren und verlieren dann schnell die Freude an der Übung. Für einen mittelgroßen Hund empfehlen wir zu Beginn einen Mindestabstand der Stangen von ca. 60 cm.

Slalom-Übungen in so ungewohnter Ausprägung erfordern von Hund und Mensch Konzentration.

Für den Zickzack-Kurs stecken Sie mehrere Stangen so, dass Sie den Hund nach dem Richtungswechsel noch einige Schritte geradeaus führen können, ehe die nächste Wendung ansteht. Je nach Abstand der Stangen zueinander fallen die Wendungen enger oder sanfter aus. Bei Slalom-Stangen in gerader Linie hintereinander, entfallen die geraden Wegstrecken und der Hund reiht eine Wendung an die andere.

Elefanten-Übung

Mit diesem Namen wird eine Übung beschrieben, bei welcher der Hund mit seinen Vorderpfoten auf

Sie können gemeinsam mit Ihrem Hund den Slalom bewältigen oder mit ihm üben, dass Sie ihn nur auf Handzeichen durchlenken.

einer Erhöhung stehen bleibt und sich mit der Hinterhand im Kreis um das Podest herumbewegt. Es ist eine Aufgabe, die statische Elemente mit Bewegung kombiniert, der Schwerpunkt liegt auf der seitlichen Bewegung der Hinterhand. Die Übung erfordert Körperbeherrschung, Konzentration und Kraft und ist deshalb erst dann ratsam, wenn Ihr Hund bereits ein gewisses Maß an Kraft und Beweglichkeit erworben hat.
Eine weitere Voraussetzung ist, dass der Hund gelernt hat, mit den Vorderpfoten auf einer Erhöhung zu stehen. Verwenden Sie zunächst eine eher niedrige Auflage.

Aufbau – aus der Grundstellung: Diese Variante eignet sich für Hunde, die gelernt haben, eine Grundstellung an Ihrer linken – oder rechten – Seite einzunehmen und sich bei Wendungen gerne und direkt mit bewegen.
Sie und Ihr Hund stehen in Grundstellung – der Hund mit seinen Vorderbeinen auf dem Podest. Bewegen Sie sich nun einen Mini-Schritt zur Seite – in einer gedachten Kreislinie um das Podest – und animieren Sie den Hund zum Nachrücken. Dazu muss er seine Vorderbeine auf der Stelle bewegen und mit den Hinterbeinen einen Seitwärtsschritt machen. Loben Sie ihn sogleich,

wenn er auch nur ansatzweise versucht zu Ihnen aufzurücken. Je nach Hund können Sie anschließend einen weiteren Mini-Kreis-Schritt machen. Beenden Sie die Aufgabe jedoch immer, ehe der Hund zu unruhig wird.

In weiteren Übungsschritten steigern Sie dann die Kreisstrecke. Das Ziel ist ein möglichst flüssiger Bewegungsablauf. Manche Hunde schaffen dies einen Viertel- oder Halbkreis lang, andere können die ganze Runde um das Podest mit drehen.

Wählen Sie immer dieselbe Richtung um den Kreis, bis der Hund sicher nachfolgt. Erst dann können Sie den Bewegungsablauf auch in die andere Richtung üben.

Aufbau – mit Blickkontakt: Für Hunde, denen es wichtig ist, Ihren Menschen anzuschauen und immer in Kontakt zu sein, bietet sich das folgende Vorgehen an. Nachteilig kann sein, dass der Hund vor lauter Blickkontakt-Halten, nicht bewusst genug wahrnimmt, dass und wie er seine Hinterhand bewegt.

Ausgangsposition: Der Hund steht Ihnen mit erhöhten Vorderbeinen frontal gegenüber und schaut Sie an. Belohnen Sie deshalb in erster Linie den Blickkontakt des Hundes. Zunächst nur das kurze Anschauen, wenn der Hund den Kontakt für wenige Sekunden aufrechterhält. Kann er den Blickkontakt halten, dürfen Sie **einen** Schritt zur Seite machen. Damit der Hund weiterhin Blickkontakt halten kann, muss er die Richtungsänderung mitmachen und dazu seine Hinterbeine seitwärts bewegen. Bei diesem Übungsschritt ist Geduld gefragt. Beginnen Sie mit der Drehbewegung immer erst dann, wenn der Hund konzentriert und mit Blickkontakt steht.

Traben für einen schwungvollen Gang

Durch die Trab-Übungen entwickelt der Hund mehr Vorwärts-Schub, ein gleichmäßiges Gangbild und Ausdauer. Davon profitieren nicht nur Vierbeiner, welche in unterschiedlichsten Sportarten eingesetzt werden oder ausdauernde Begleiter beim Wandern oder Reiten sind. Auch für den Ausstellungshund ist ein gutes Gangbild eine Voraussetzung für Erfolg. Besonderen Wert wird hier meist auf einen schwungvollen Trab gelegt sowie einen gut ausbalancierten Schritt. Zudem verbessert ein ruhiger und gleichmäßiger Trab die Konzentration und fördert Ausgeglichenheit – mental und körperlich.

Jeder Hund bewegt sich etwas anders, abhängig von seinem Körperbau, Alter oder Gesundheitszustand. Es ist schwierig, beim Nebenherlaufen selbst zu beurteilen, ob die Bewegungen gleichmäßig oder eher ruckelnd sind. Lassen Sie sich deshalb ab und an eine Rückmeldung geben oder bei den Übungen filmen. So könnten sie anschließend die Bewegungen mit einem Fachmann analysieren und Veränderungen vornehmen, wie z.B. das Lauftempo anpassen, längere Geraden oder mehr Wendungen einbauen.

Auf gerader Strecke

Während sich der Hund bei der Fußarbeit unserem Tempo anpassen muss (was seinem Gangbild häufig nicht gut bekommt), bewegen Sie sich beim Traben in einem Tempo, das ihm ermöglicht, raumgreifende Schritte zu entwickeln.

Aufbau Basis-Übung Traben: Laufen Sie nicht direkt aus dem Stand direkt los, dies animiert viele Hunde zum Hüpfen oder In-die-Leine-Springen. Gehen Sie die ersten Schritte eher langsam, steigern Sie dann zunehmend das Tempo, bis der

Hund in lockerem Trab nebenherläuft. Sobald der Hund in diese Gangart gewechselt ist, geben Sie ihm hierfür ein entsprechendes Signal z.B. »Trab«. Für den ungeübten Vierbeiner reichen anfangs wenige Meter, die er gut neben Ihnen her trabt. Werden Sie wieder langsamer, ehe er anfängt zu springen oder unrund zu laufen. Steigern Sie die Strecke und das Trab-Tempo schrittweise bis der Hund über eine längere Strecke (mindestens 10 – 15 Meter) in gleichmäßigem Tempo und mit harmonischen Bewegungen neben Ihnen herläuft.

Raumgreifende Bewegung sind ökonomisch und demonstrieren ein gutes Körperbewusstsein.

Wählen Sie für Trab-Übungen ein möglichst ebenes Gelände, auf welchem Sie mehrere Meter in zügigem Tempo laufen können.

Führen Sie den Hund nach Möglichkeit nicht ausschließlich auf Ihrer bevorzugten Leinenseite. Wenn er beispielsweise gut links neben Ihnen hertrabt, trainieren Sie dies auch auf der rechten Seite und wechseln dann immer mal wieder die Seite. Dies fördert eine gleichmäßige Bemuskelung und ausbalancierte Haltung.

Vorwärts-rückwärts

Die Übung trainiert intensiv die Muskulatur der Hinterbeine, der Lendenwirbelsäule und des Bauchs, während Ihr Hund lernt, gezielt seinen »Hinterradantrieb« zu aktivieren.

Aufbau: Wenn Ihr Hund gelernt hat, rückwärtszugehen (unabhängig davon, ob neben Ihnen oder Ihnen gegenüber), lassen Sie ihn drei bis fünf Schritte nach hinten gehen. Aus dem letzten Schritt ermutigen Sie ihn, direkt nach dem Absetzen des Hinterfußes, zur Vorwärtsbewegung. Diese darf mit etwas Dynamik erfolgen, Trab ist optimal.

Nach einigen Schritten vorwärts halten Sie ihn an und lassen ihn erneut rückwärtsgehen.

Dazu muss er einen Teil seines Gewichtes auf die Hinterhand nehmen, die dann – zum erneuten Vorwärtsgehen – die Muskulatur aktiviert und den Körper zusätzlich nach vorn schiebt.

Kreise verkleinern und vergrößern

Bei den großen Kreisen wird der Hund – insbesondere zum Beschleunigen die Hinterbeine – weiter nach vorne unter den Körper schieben, um Vorwärtsschub zu entwickeln. Kleine Kreise erfordern mehr Konzentration und fördern Dehnung und Beweglichkeit im Wirbelsäulenbereich.

Aufbau: Führen Sie Ihren Hund auf der Außenseite einer großen gedachten Kreislinie (also an Ihrer linken Seite, wenn Sie nach rechts im Kreis laufen) und bewegen Sie sich in einem Tempo, in dem er schwungvoll und entspannt traben kann. Meist hilft es dem Hund, wenn Sie ebenfalls etwas größere Schritte machen, anstatt neben ihm herzuhoppeln.

Orientierungspunkte wie Eimer, Straßenmarkierungen o. Ä. helfen vielen Hundehaltern dabei, sich selbst gezielt zu bewegen. Dadurch kann sich der Hund besser auf seine eigenen Bewegungen konzentrieren.

Nach einem großen Kreis (bei einem mittleren Hund ca. 4 Meter Durchmesser) verkleinern Sie den Radius etwas und reduzieren das Tempo entsprechend.

Alternativ biegen Sie aus der großen Rundung ab in eine Acht, so dass Ihr Hund nun auf der Innenseite läuft. Seine Bewegungen werden hier etwas kürzer werden.

Nach ein bis zwei kleinen Kreisen wechseln Sie erneut auf den größeren Radius, damit Ihr Hund wieder Schwung aufnimmt.

Wenn Ihr Hund in der Beschleunigung zu hüpfen beginnt, gehen Sie die Sache etwas ruhiger an. Halten Sie die Hand mit der Leine eher tief und ein eventuelles Leckerli außer Sicht- und Reichweite.

Trab über Stangen

Die Übung »Steigen über Stangen« im Schritt-Tempo fördert den Muskelaufbau sowie Koordination und Konzentration. Im Trab-Tempo muss die Hinterhand noch mehr leisten, um den erforderlichen Vorwärtsschub zu entwickeln. Zusätzlich trainiert der Hund seine Reaktionsfähigkeit, weil die Bewegungen schneller ablaufen.

Aufbau: Legen Sie anfangs zwei Stangen parallel nebeneinander auf den Boden. Der erforderliche Abstand ergibt sich aus der Schrittlänge des Hundes, maßgeblich ist jeweils die Distanz zwischen den Pfoten. Eventuell können Sie dazu die nassen Abdrücke Ihres auf der Ebene trabenden Hundes ausmessen.

Laufen Sie nun neben Ihrem Hund über die Stangen oder selbst eng daran vorbei. Traben Sie nach der letzten Stange noch einige Schritte weiter, sonst wird sich mancher Hund angewöhnen, die Hindernisse in Aussicht auf das Übungsende verhaltener anzugehen und über

Der Stangenabstand passt, wenn der Hund flüssig und gleichmäßig über die Stangen traben und dabei jeweils eine Vorder- und Hinterpfote in den Zwischenraum setzen kann.

bzw. zwischen den Stangen »verhungern«, anstatt mit Schwung darüberzugehen. Loben Sie ihn erste einige Schritte nach den Stangen, dadurch verhindern Sie, dass er sich zu früh nach Ihnen umorientiert und nicht mehr geradeaus läuft.

Wenn Ihr Hund flüssig über die beiden Stangen trabt, legen Sie weitere dazu. Je mehr Hindernisse er zu bewältigen hat, desto wichtiger ist es, dass der Abstand der Stangen für ihn passt.

Variationen: Kommt Ihr Hund mit mehreren Stangen gut zurecht, können Sie das Training intensivieren und die Abstände geringfügig erweitern. Ihr Vierbeiner muss nun größere Schritte machen und dafür mehr Vorwärtsschub entwickeln.

Eine weitere Möglichkeit für den fortgeschrittenen Hund ist eine geringfügige Höher-Lagerung der Stangen (im Zentimeter-Bereich!). Um es dem Hund leichter zu machen, reduzieren Sie die Anzahl zunächst wieder auf zwei.

Das Traben über Stangen verlangt von Ihrem Hund sehr viel Konzentration. Achten Sie auf kurze Trainingseinheiten, Ermüdungserscheinungen bringen Fehleranfälligkeit und Verletzungsgefahr mit sich.

7. Im Wasser

Für die Bodenarbeit nützen wir »lauftiefes« Wasser, d.h. der Hund berührt mit seinen Pfoten den Untergrund. Eine Wassertiefe von wenigen Zentimetern bis etwa Bauchtiefe des Hundes ist dafür völlig ausreichend.

- Sie brauchen kein Schwimmgewässer vor der Haustüre, ein Bach oder ein Planschbecken tut es auch.
- Selbst Hunde, deren Wasserfreude nicht sehr ausgeprägt ist oder absolute Nichtschwimmer, gehen nach einiger Gewöhnungszeit durchaus mit den Pfoten bzw. auch mal bis zum Bauch ins Wasser.
- Sie können Ihren Hund im Flachwasser besser begleiten und unterstützen als in tieferem Wasser.

Wissenswertes: Besonderheit Wasser – Auftrieb, Druck und Widerstand

Wasser schafft durch seine Eigenschaften besondere Bedingungen. Bei Übungen in »lauftiefem« Wasser, nützen wir die Vorteile, die uns das Wasser bietet, für ein intensiviertes Muskel- und Bewegungstraining unter kontrollierten Bedingungen.

Durch den Auftrieb reduziert sich je nach Wasserhöhe das Eigengewicht des Hundes, dadurch fallen viele Bewegungen leichter. Bei einer Höhe, die etwa dem Sprunggelenk des Vierbeiners entspricht, trägt er noch ca. 90 %. Steigt das Wasser auf Kniehöhe, sinkt das zu tragende Gewicht auf rund 80 %. Bei einem Wasserspiegel auf Hüfthöhe ist das Eigengewicht sogar auf etwa ein Drittel reduziert.

Für manche Hunde kann Schwimmen eine zu große Belastung sein, weil der Bewegungsablauf durch den großen Auftrieb oft unkontrolliert ist. Durch den Bodenkontakt haben die Beine eine Führung und der Hund bewegt sich gezielter.

Der Druck, mit dem das Wasser auf den darin befindlichen Körper wirkt, steigt, je tiefer der Hund im Wasser ist. Dieser hydrostatische Druck wirkt Ödemen und Schwellungen entgegen, führt aber auch zu einem erhöhten Druck auf den Brustkorb, was die Atmung erschweren kann. Dies muss insbesondere bei alten Hunden oder Tieren mit Beschwerden im Herz-Lungen-Bereich berücksichtigt werden.

Durch die Überwindung des Wasserwiderstandes werden das Herz-Kreislauf-System und große Teile der Muskulatur trainiert. Beim Gehen im Wasser hebt der Hund seine Beine stärker an, um den Wasserwiderstand zu überwinden. Vielleicht kennen Sie dieses Prinzip aus Ihrem letzten Strand-Urlaub. Durch Flachwasser zu »waten« mag schön sein, aber – eben durch den Wasserwiderstand – auf die Dauer mühsam. Also hebt man automatisch die Beine höher aus dem Wasser.

Übungen in »lauftiefem« Wasser

Üben Sie bei milden Außen- und Wassertemperaturen und zeitlich begrenzt. Wasser-Übungen sind anstrengend, zudem kühlt die Muskulatur schneller aus. Achten Sie auf Sicherheit – auch bei niedrigem Wasserstand:

- Dazu zählen Schwimmpflanzen oder Äste unter Wasser und rutschige Steine
- Muss der Vierbeiner bei der Wasserarbeit angeleint bleiben, darf er dadurch keinesfalls in gefährliche Situationen gebracht werden. Lassen Sie ihn nie unbeaufsichtigt.
- Aufgeschreckte oder sich gestört fühlende Wasservögel sind teilweise sehr wehrhaft.
- In stehendem Gewässer mit niedrigem Wasserstand kann das Wasser schnell umkippen. Vermeiden Sie, dass Ihr Hund in solchen Pfützen badet oder daraus trinkt.
- Stellen Sie Ihrem Welpen oder Kleinhund nur Wasserbehältnisse zur Verfügung, aus denen er gefahrlos aus eigener Kraft wieder herauskommt.

Basis-Übung: ruhiger Zugang zum Wasser

Wasser hat für viele Hunde einen großen Spaßfaktor – gönnen Sie Ihrem Vierbeiner diese Freude. Einige Hunde sind jedoch kaum zu halten, sobald es Richtung Wasser geht und

Rechnen Sie auch mit Unvorhergesehenem: vor der Durchquerung erschien das Wasser klarer. Der Hund war definitiv sauberer.

Leichter Wellengang kann das Halten von Positionen erschweren, so wird aus einem »einfachen« Stehen plötzlich eine Gleichgewichtsübung. Diese alte Hundedame trägt normalerweise auch im Wasser ein Geschirr und kann dadurch stabilisiert werden.

würden sich am liebsten in jedes Gewässer stürzen. Davon abgesehen, dass dies höchst gefährlich sein kann, möchten wir für die Bodenarbeit ruhige und kontrollierte Bewegungen und einen Hund, der sich auf die Aufgabe konzentrieren kann, und keine Pool-Party.

Üben Sie mit dem Vierbeiner den ruhigen Zugang zum Wasser – dies ist nicht nur für die Bodenarbeit von Vorteil. Manchen sehr wasserbegeisterten Tieren fällt dies leichter, wenn Sie nicht gleich am geliebten Bach oder See üben, sondern dafür ein Planschbecken o. Ä. nutzen. Führen Sie den angeleinten Hund mehrmals entlang der Wasserkante bzw. des Planschbeckens und zwar in einem Abstand, in dem er sich noch auf Sie und Ihre Anweisungen konzentrieren kann. Wenn dies gelingt, lenken Sie ihn in einer Art Slalom Richtung Wasser, wenden Sie, ehe es für den Hund zu schwierig wird. Nach und nach gehen Sie immer näher an das Wasser heran – dies auch auf gerader Linie.

Fließgewässer

Bach- und kleine Flussbetten verfügen häufig über wechselnde Untergründe. Teilweise sind sie sandig, steinig oder sogar felsig.

Aufgaben: Gehen Sie zusammen mit dem Hund im Bach- oder Flussbett entlang. Eine solche Wasserwanderung ist für viele Hunde ein echtes Highlight. Es wird tiefere und flachere Stellen geben, vielleicht auch welche, an denen Ihr Hund ein paar Züge schwimmen kann.

Durchqueren Sie mit Ihrem Hund ein flaches Fließgewässer. Durch die Strömung von der Seite muss sich der Hund gut ausbalancieren. Die unebenen Untergründe erfordern von Hund (und Mensch) Konzentration. Der Hund muss ständig den Boden erfühlen und seine Pfoten entsprechend sorgsam setzen.

Nützen Sie größere, abgeflachte, im Wasser liegende Steine, idealerweise mit abgetrockneter Oberfläche: Der Hund darf sie vorsichtig Pfote für Pfote überqueren, mit den Vorderbeinen darauf stehen, während seine Hinterhand im Wasser ist, oder auf ihnen stehend oder sitzend verharren.

Naturgewässer mit Flachzonen

Trotz des vielerorts herrschenden Badeverbots für unsere Hunde, finden sich dennoch immer mal wieder etwas abgelegene Uferbereiche mit

Behutsame Gewöhnung: Eine Wassertiefe von wenigen Zentimetern und genügend Zeit, so kann sich der Hund in seinem Tempo mit dem Element Wasser vertraut machen. Bei manchen Vierbeinern können Sie nach kurzer Angewöhnung mit den Wasserübungen starten, andere benötigen mehr Gewöhnungseinheiten.

ausreichend Flachwasser für unsere Übungen.
Aufgaben: Gehen Sie mit dem Vierbeiner auf gerader Linie so weit ins Wasser, bis er noch stabil stehen kann. Wenden Sie dann und gehen Sie wieder zurück ans Ufer. Variieren Sie dabei das Tempo, vom langsamen zum sehr zügigen Schritt. Der Hund sollte dabei jedoch nicht ins Galoppieren kommen.
Führen Sie den Hund im Wasser parallel zur Wasserlinie. Bauen Sie dabei eine kleine Slalom-Strecke ein, so dass der Hund zwischen Wasser und Land wechselt. Sie können ihn auch einige Schritte rückwärtsgehen oder über kleine Hindernisse steigen lassen.

Planschbecken

Wenn kein geeignetes Gewässer in erreichbarer Nähe ist oder sich Ihr Hund nur sehr zögerlich ins Nass traut, dann versuchen Sie es doch einmal mit stabilen Garten-Planschbecken und Wannen unterschiedlicher Größe. Die Gefäße sollen jeweils so hoch sein, dass der Hund gut über den Rand steigen kann, ohne springen zu müssen.
Aufgaben: Durch unterschiedliche Durchmesser ergeben sich automatisch verschiedene Aufgaben. Ein Planschbecken kann der Hund kontrolliert Schritt für Schritt durchqueren oder darin wenden. Im kleineren Behältnis übt er das Einsteigen, Verharren und wieder Aussteigen.

Für die Übung »Wannen-Reihe« stellen Sie mehrere, möglichst gleich hohe Behältnisse hintereinander mit jeweils zirka einer Hundelänge Abstand zueinander. Füllen Sie so viel Wasser ein, dass jeder Wannenboden etwa pfotentief bedeckt ist. Bei Bedarf legen Sie eine rutschfeste Matte in bzw. unter die Wanne, so fühlen sich viele Hunde sicherer und die Rutschgefahr wird reduziert. Gehen Sie mit Ihrem Hund auf die erste Wanne zu. Natürlich darf er daran schnuppern und sich Zeit lassen beim Einstieg bzw. Ausstieg. Das Ziel ist, dass er nach einigen Wiederholungen die Wannen-Reihe zügig und in gleichmäßigem Bewegungsablauf meistert.
Variation: Erhöhen Sie in einigen Wannen den Wasserstand oder verwenden Sie unterschiedlich hohe Wannen. Dadurch muss der Hund bei fast jedem Schritt auf andere Bedingungen reagieren.

AUTORENPORTRAIT
Monika Schaal

ist Hundetrainerin und arbeitet seit vielen Jahren mit Problemhunden verschiedenster Rassen. Sie betreut Therapiehunde, engagiert sich für die Rettungshundearbeit und ist Ausbilderin im Deutschen Retriever Club. Sie hält Vorträge und Seminare und hat mehrere Bücher zum Thema Hund und Hundeausbildung veröffentlicht. Zusammen mit Familie und Hund lebt sie in der Nähe von Stuttgart.
Ihr Hauptanliegen ist es, Hundeausbildung entspannt, alltagstauglich und vor allem individuell zu gestalten und den Hundehaltern Freude an der Arbeit und dem Zusammenleben mit dem Hund zu vermitteln.

AUTORENPORTRAIT
Petra Rammelsberger

lebt mit ihrem Mann, Pferd, Katzen und ihren Hunden im Raum Heilbronn. Seit 2007 arbeitet sie als selbständige Physiotherapeutin für Hunde, wo sie sich überwiegend der Gesunderhaltung und Mobilisierung der Hundesenioren verschrieben hat. Im Deutschen Retriever Club ist sie als Hundeausbilderin mit Schwerpunkt Dummyarbeit aktiv. Mit ihren Hunden arbeitet sie jagdlich, macht Dummyarbeit und Obedience.

Von ganzem Herzen möchte ich meinem Seelenhund Filho danken, der sein Leben lang fest entschlossen war, mich bestmöglich zu begleiten und sich – so lange er konnte – für dieses Buch mit eingebracht hat. Ich hoffe, wir sehen uns wieder. Und DANKE an Mirko, ohne den so vieles nicht möglich wäre.

Die Autorinnen sagen danke ...

Wir möchten all den Hunden danken, die uns immer wieder dazu inspirieren, Neues auszuprobieren, mit ihnen zu lernen und es immer wieder schaffen, uns zu überraschen, zu beeindrucken oder unser Herz zu öffnen.

Ganz herzlichen Dank an unsere Fotografin Sandra Benzing für ihre Ideen und ihr Engagement. Wir freuen uns über die Fotos von Ursula Daugschieß-Thumm, Jana Starke, Britta Streck und Familie Mitschke und danken allen Teams, die sich für die Fotos zur Verfügung gestellt haben. Sie alle haben dazu beigetragen, dass unsere Beschreibungen anschaulicher und lebendiger geworden sind.

Lieben Dank an unsere Lektorin, Claudia König, die uns wie immer kompetent und einfühlsam unterstützt hat.

Zum Weiterlesen

Martin S Fischer/Dr. Karin E. Lilje:
Hunde in Bewegung, Kosmos 2011

Carmen Mayer:
Gymnastricks: Gezieltes Muskeltraining für Hunde, Kynos 2013

Steffi Rumpf:
Cavalettitraining für Hunde: Gymnastik und Abwechslung für Jederhund, Cadmos 2017

Linda Tellington-Jones:
Tellington-Training für Hunde. Das Praxisbuch zu TTouch und TTeam. Neue Wege zur Verständigung mit Ihrem Hund, Kosmos Verlag, Stuttgart 1999